茶山纪行

李辉 著

上海科技教育出版社

作者简介

李辉,复旦大学生命科学学院教授,亚洲人文与自然研究院(澳门)院士,复旦大学现代人类学教育部重点实验室主任,复旦大学大同市中华民族寻根工程研究院院长,中国人类学民族学研究会常任理事。主要研究现代人类学,从DNA探索人类起源与文明肇始,追寻中华民族与中华文化的生物学源流。被《科学》以《复活传奇》为题作专版报道,应邀在联合国总部作报告。在《科学》、《自然》、PNAS等期刊发表论文300多篇。他从考古人类学和人类表型组的角度研究茶道,将绿茶、青茶、红茶、黄茶、黑茶、白茶这六大茶类与中国传统文化中的阴阳、经络理论对应,揭示其背后完美自洽的科学原理和哲学规律,获得农业农村部神农中华农业科技奖。于2017年春成功复原了唐代黄茶工艺,并获得了中国茶博会金奖。代表作有《Y染色体与东亚族群演化》《人类起源和迁徙之谜》《茶道经》《二十四节气茶事》《僜僚话》《自由而无用的灵魂》等。

茶道三字经

中国茶　神农造　六千年　是良药
唐陆羽　写茶经　茶之美　叩心灵
炮制法　多演化　宜于人　留六大

红青绿　是阳茶　杀青前　气已佳
阳易散　难久存　冲饮时　汤宜温
黄黑白　是阴茶　杀青后　再转化
阴易收　久愈香　可烹煮　如琼浆

好茶园　在高山　云雾中　甘泉边
君子种　烂石间　少女摘　芽叶纤
清明采　谷雨收　早春茶　气最稠

天地人　三才气　入阴阳　成六艺
太阳绿　太阴白　日月光　天然晒
阳明青　人摇彻　厥阴黑　人捣笃
少阳红　渥堆厚　少阴黄　扣地久

采须时　造须精　存茶法　须分明
阳茶封　阴茶养　因正气　反阴阳
绿茶冰　太阴凝　白茶煦　太阳育
青茶低　厥阴栖　黑茶高　阳明飘
红茶陶　少阴葆　黄茶锡　少阳激

六类茶　成分异　识功效　辨香气
气归经　分六脉　入脏腑　体通泰
绿茶寒　菊豆香　提神志　畅膀胱
白茶凉　梨枣气　健脾肺　强免疫
青茶平　兰桂芳　排毒素　清胃肠
黑茶中　柑参浓　安心神　肝郁空
红茶温　葡可甜　可利胆　可养颜
黄茶热　楂与杞　心血活　肾盂洗
茶虽好　不混饮　气怕冲　人易病

日出作　日落息　饮诸茶　时当切
辰时明　绿茶清　巳时繁　白茶安
午时重　黄茶通　未时酽　红茶欢
申时滞　青茶斥　戌时隐　黑茶宁
阴脉实　当令饮　阳脉虚　补五行

子午流　昼夜静　四季换　寒暑平
春阳生　红茶引　夏暑闷　绿茶醒
秋风严　青茶敛　冬雪扬　黑茶藏
交季间　天气乱　品黄茶　度险关
疫无常　身永健　备白茶　四季全

阴阳和　茶道顺　此茶道　可养人
上道法　下术器　传中华　千万季

2018.9.12

目录

001　序

005　自序　在系统进化中看人类和文明的演变规律

001　一　浙江
狮峰山/天台山/天目山/雁荡山/象山

021　二　福建
武夷山/太姥山/戴云山/洞宫山

051　三　台湾
冻顶山/北大武山

057　四　广东
凤凰山/圭峰山

071　五　广西

　　岑王老山/云开山

083　六　贵州

　　梵净山/大娄山/关索岭

113　七　云南

　　无量山/点苍山/景迈山/老中山/
　　博南山/丙马力山

167　八　西藏

　　贡普山

181　九　四川

　　岷山/蒙顶山

191　十　陕西

　　米仓山

199　十一　河南

　　神农山

207 十二 湖北
　　武当山

215 十三 湖南
　　君山/雪峰山/武陵山/阳明山

241 十四 安徽
　　黄山/大别山

253 十五 山东
　　龙山

259 十六 江苏
　　洞庭山/花果山/界岭山

269 十七 上海
　　案上山

297 后记 看见经络

序

我与李辉先生的结识,缘于其《茶道经》一书。第一次阅读《茶道经》是在网络上,刚一拜读,便被深深吸引,甚至是一种震撼。作者娴熟运用中国传统文化和现代科学手段,解释六大茶类的各种性质,精细阐述不同的茶和在不同时间段饮茶对人之经络的作用,以及所能取得的治疗功效,堪称中国古典哲学与现代科学的完美结合,是中华文化在茶上的成功实践。正是因为被《茶道经》一书深深打动,我才托友人与李辉先生联系。经过多番引荐,几经周折终于取得了联系,并专程赴上海拜会。这期间,我与李辉先生就茶作了较为深入的交流,交流愈深入、探讨愈细致,我愈觉得他是一个令人敬佩和敬仰的人。他给人的感觉总是那样清澈和洒脱,甚至有着超越常人的悟性和道性。恰逢李辉先生新书《茶山纪行》即将付梓,我有幸受托作序,既感惶恐,又感欣慰。惶恐的是自己并非专业研茶之人,于茶也只是略有所知、不甚了了；欣慰的是有缘与李辉先生相识，并能阅其之著，深感欣喜。故而作序之。

中国是茶的故乡，是制茶、品茶的发源地，距今已有几千年的历史。相传，神农氏是最早发现茶和利用茶的人，并有"神农尝百草，一日而遇七十毒，得茶以解之"之说。唐代是茶文化走向兴盛的关键时期，一代茶圣陆羽就是在这样的背景下写成了世界第一部以茶为主题的专著《茶经》。该书不仅是一本关于茶叶生产历史、源流、现状、生产技术，以及饮茶技艺、茶艺原理的综合性论著，更将普通茶事升格为一种美妙的文化艺术，推动了中国茶文化的发展。数千年来，茶文化贯穿华夏文明，是具有中国历史印记的一种独特精神标志，始终伴随并滋养着生活在这片土地上的人们。

茶对于中国人，是有特殊的意义的。正如知名焙茶大家詹勋华所说："几十年来我被茶安慰，好像在《易经》的比卦里，我和茶交心。茶像拐杖，可以探路，可以探知不同个性在茶里的结果，好像不同生命的循环。它用细致柔软，让你怡然自得。茶真的可以依赖，是值得交的朋友。"茶虽然作为一种作物而存在，但它的价值和内涵早已被人们所拓展和丰富，甚至饱含着生命的张力和自然的穹劲。于我自己，平日的生活里，茶是少不了的，各种茶也都有所涉猎，或绿茶、或红茶、或白茶、或黑茶，或新茶、或陈茶。品味各式各样的茶既是一种生活的仪式，也是一种对待生活的态度。虽不精于茶，更不好于把玩各种茶艺茶术，但多少能品出各种茶的不同味道，在细微变化之间享受不同的滋味，久而久之，于品茗之中也多了一些对生活和生命的深切感悟。因此，对我而言，品茶是一种生活态度，是一种文化，更是一种修行。

李辉先生出身书香世家，曾求学于复旦大学和耶鲁大学，主要研究分子人类学，从DNA层面探索人类起源与文明肇始，曾被《科学》以《复活传奇》为题作专版报道，可谓学术研究成果丰硕、享誉业内。那他为什么会研究茶叶呢？其实，他与茶的结缘不仅有着家学渊源（其先人是复旦大学的教授，对茶有较为深厚的学术造诣），更是一种使命和重托。当年，他在耶鲁大学做研究时，国际遗传学家、中国现代遗传学奠基人谈家桢先生与其有过一段对话。谈家桢先生说自己年事已高，但一直有一个愿望没有实现，就是写一本系统地、科学地介绍中国茶叶的书，把中国的茶文化推向世界。李辉先生深感托付之重，并得谈家桢先生"亲传茶道之理"，便毅然从耶鲁大学回国，走上了一条充满神奇色彩的研茶之路，"茶缘一发不可收"。他坚定而执着，专注而入神，或一人独行，或与夫人结伴，踏遍茶场茶园，品遍各大茗茶，活用所学之科学理论和方法制茶，常常整日整夜沉浸在实验或书海中，用科学的方法和哲学的思辨，特别是以中国传统文化所蕴涵的阴阳之道、天人合一等哲学精髓，研究茶叶的性理和功效。他此前已经撰写《茶道经》《二十四节气茶事》等书，无不是将茶与科学、文化进行完美的结合，在社会上引起了很大的反响，深受爱茶人士的欢迎。在本书中，他更是以诗歌的形式和科学的方法，将对茶的所见、所研、所悟呈现出来。本书极富人文意境，文字清新、情感自然，读起来颇具雅趣，甚至有一种穿越时空的逍遥感，同时不乏科学的分析阐释。书中结合阴阳学说、道家文化、传统医学理论以及现代科学分析手段，系统全面地介绍了茶是什么、应该怎么品、何时品最佳、功效如何评等问题,将茶的食性、药性、品性、道性融为一体,给人以科学的指引和精神的启迪。一气读来,令人神清气爽、醍醐灌顶,读者也一定可以从中感悟更多关于茶的意境和道理。

一茶一世界,其中有大道。我相信,基于李辉先生扎实的现代学术训练以及在国学上的深厚功力和独到见解,本书一定能够成为向世界展示中国茶文化的又一力作,甚至是具有里程碑意义的标志性著作。因为李辉先生不是单纯地以道论茶,而是结合了现代生物学理论。这是中国茶研究范式的一次跨越和升华,真正实现了中华茶道和生命科学的有机融合。我坚信并期待和祝愿着!

谨以此文为序。

刘国富

自序 | 在系统进化中看人类和文明的演变规律

◎ 李辉与其博士生探讨人类进化问题

从复旦诗社走出,我出了很多诗集,诸如《自由而无用的灵魂》《谷雨》《紫晨词》等。这些诗词形式多样,记录了我对"道"的深入思考。2017年以来,因为工作越来越忙,诗词写得少了,但是积累了六年还是颇有体量。特别是走了很多茶山,见到了很多神奇的事物,发现了很多特别的自然规律和社会规律,写在诗里,写在诗话里,是最合适不过的了。所以有了这本书。我是研究人类进化的,书中当然也有很多涉及人类学与考古学的内容,这当然是有助于理解茶学的相关知识的。既然我是研究人类学的,为什么又研究茶学呢?毫无疑问,茶在所有的食品中,是"最人类学"的。

全世界的人为什么体现出方方面面的差异?这是人类学研究的问题。人类学,就是"人的类的学",研究的就是人的系统分类。用以分类的特征包括基因、体质、生理、病理、语言、文化,等等。通过这些特征的分类,我们得以追溯人类群体的分化和适应的过程,理解生物学差异和文化学差异形成的意义。这对于全面深入理解我们自身,意义非常重大。

人类群体的特征极其复杂多样。在很多研究中,选用部分特征来分析所得到的结果,往往是偏离了人类进化真相的,甚至是相互矛盾、背离常识的。所以用来分析的特征要尽可能多,尽可能接近于全部,这就是"组学"研究的意义。在"组学"研究面前,零敲碎打的研究有时候显得像盲人摸象一样"可笑"。以分子人类学为例,上世纪七八十年代,基因检测技术只能对零星位点作分析,根据不同位点数据得到的人群系统进化树,可以千差万别。而自从有了"基因组学",就有了稳定可靠的进化树,人类起源就再也不是谜了。这棵树根植于东非。现代人大约二十万年前起源于东非,其中一支约七万年前走出非洲,渐渐扩散到世界各地。东亚人是四五万年前从当时在西亚的人群分化出来的。现代人长期适应不同气候,演化成了八个地理种。

知道人类如何进化而来,我们就可以把各种生物学和文化学特征放在进化树上,研究各地的人群是如何变得不一样的。同样,这也需要用"组学"的方法才能避免"盲人摸象"。除了基因,人类所表现出来的其他所有特征都可以称为"表型",综合在一起就是"表型组"。为了探索人类进化的奥秘、掌握人类未来的命运,复旦大学金力院士发起了"国际人类表型组计划"这一大科学研究项目。

这是一个非常庞大的研究项目,由众多人类学家、医学家、语言学家、考古学家、心理学家、历史学家……共同测量全人类的各种指标。通过这个项目,我们期望解答很多有趣的问题,促进人类的身心健康。在这些问题中,我最关注的是,东西方人群的外形和文化差异为什么这么大,四五万年的时间中发生了什么。2013年,金力院士与哈佛大学的团队合作,在《细胞》上发表封面文章,发现东亚人种的关键形态差异源于外胚层"开关"基因 *EDAR1* 的一个突变。这个突变发生于三万多年前,使得东亚人比西亚人多了大约三分之一的汗孔,并且形成了细直的毛发等一系列特征。这对我们生活影响最大的就是,我们比西方人更容易出汗了。

为什么我们会变成"汗族"呢?古人类离开干旱的西亚,穿过南亚的丛林,三四万年前到达了东亚南方。"人法地,地法天",天体的运行加上各地不同的地形地貌,造成了各地不同的气候,各地气候孕育了不同的人群。西亚地中海气候夏季炎热干燥,东亚季风性气候夏季闷热多雨,这要求两地的人群有不同的热量和水分的调节机制。西亚人群主要通过辐射散热,尽量保持身体水分。东亚人群则因为潮湿空气阻挡而很难通过辐射散热,又要尽量排除体内多余水分,所以当体温升高时就通过大量发汗来排水散热。这就是我们身体适应环境的生存机制。

形成这种机制需要很多基因变异,*EDAR1*只是其中一个,解决了汗孔开口问题。皮肤通透,也使我们对外界温湿变化更为敏感,对自然更为敬畏。但是,口开了,汗从哪里来?人体的水分主要是组织液和细胞液,它们怎么在体内高效地流动和更新,人体如何通过发汗等机制排出细胞内的代谢垃圾,东西方人群在这些机制上有何不同,这是关于人类表型组的一组关键科学问题。

为了解答这些问题,从2014年起,我们一直在研究东亚人大量发汗的效应。我们发现,东亚人摄入特定汤药后会在特异部位大量发汗,与酒精和热水的全身无差别发汗不同。发汗部位的分布规律完全符合中国传统的经络理论,也就是草药(植物)归经理论。而经络相关的科学研究都指向:经络的结构主要是细胞通道,包括细胞间质通道和细胞跨膜通道,能够在细胞间和细胞内外高效地输送水分和小分子有机物。在这些归经的草药中,茶叶是效应最强且最规律的植物之一。《黄帝内经》(简称《内经》)认为草药可以归入人体六对经脉,而炮制工艺经过长期发展,形成了对应的六大茶类。通过六大茶类的有机小分子分析,大概率能解开草药打开经络和脏腑组织细胞大门的奥秘。

更有趣的是,茶叶六大类的制作方法竟然非常符合《易经》的基本原理。茶叶加工关键步骤都有"有机反应"和"活性杀灭"两步。有三类茶是先"杀灭"再"反应","死"后形成谓之"阴茶";另外三类是先"反应"再"杀灭"的,活着形成谓之"阳茶"。

有机反应的能量分别来自太阳的辐射能、人工的机械能、堆闷的化学能，也就是天、人、地"三才"，这就是《易经》的三才之道。由此做出了六大类芳香族分子——绿茶的酚、青茶的酸、红茶的胺、白茶的酯、黑茶的苷、黄茶的酮，并分别进入人体不同的经络、脏腑、细胞（彩图2）。在阴阳、三才这两个维度之外，六大茶类还根据采摘温度、揉制温度、亚种差异各分两类，于是有了第三个维度，也就是手足二经之分。手经茶分别对应脑、大肠、内分泌腺体、肺、胸腺、心，都是光敏器官；足经茶分别对应膀胱、胃、胆、脾、肝、肾，都是热敏器官。在东亚季风性气候带中，昼夜周期和四季周期内光照及温度的错位变化，引起了人体代谢的各种节律变化，从而有了不同的养生需求，这是茶道和中医一直在宣传的概念。中国人喜欢茶道，传承中医，原来都是为了适应东亚季风性气候。

人群为了适应不同的地理环境，演化形成了不同的表型。拥有不同表型的人群，又孕育了不同的文化和智慧，让人类文明呈现多样性。从系统进化中，整体性地分析人类和文明的演变规律，这就是大科学。

浙江西湖双峰村茶园杂交种龙井43号

浙江

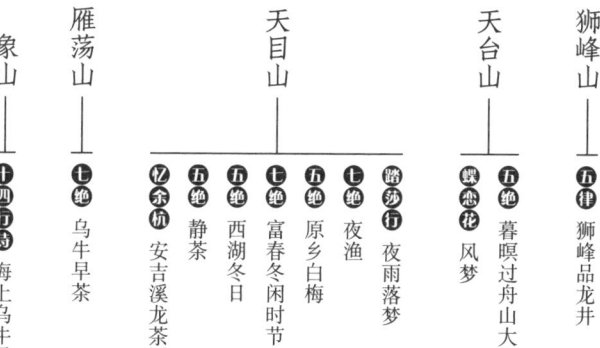

狮峰山 —— 五律 狮峰品龙井

天台山 —— 五绝 暮暝过舟山大桥
　　　　　蝶恋花 风梦

天目山 —— 七绝 夜雨落梦
　　　　　七绝 夜渔
　　　　　七绝 原乡白梅
　　　　　七绝 富春冬闲时节
　　　　　五绝 西湖冬日
　　　　　五绝 静茶
　　　　　忆亦杭 安吉溪龙茶园

雁荡山 —— 七绝 乌牛早茶

象山 —— 十四行诗 海上乌牛早

001

浙江·狮峰山

五律 狮峰品龙井

江南春色满
浮日若吴歌
夜雾龙狮舞
晨风十八棵
万峰周紫御
一井四山遮
孰信云巅意
流成瀚海波

2019.4.24 杭州

《二十四节气茶事》将杀青，幸邀上海茶叶学会刘启贵老先生作序。刘老兴高，一夜三读，翌晨来讯曰：诸茶皆备，独缺龙井，何哉？且龙井者，国茶之冠也，安可不录。对曰：吾尝龙井不可谓不频，然则所源多杂，其味焦苦而性寒，未见其佳。国茶之冠，吾未遇其真者，不敢贸贸然而造次。刘老叹道：一何易也！择日过西湖，上狮峰，共尝真龙井！始有此行。

于是，今日凌晨虹姐载刘老，与我共赴龙井村。龙井圣手戚国伟大师知吾等来，早待于茶室。

初者，茶艺师取茶添水，沸水直入。吾试品，未见奇。遂曰：吾将自烹。戚大师抬指曰：稍待。转身取出一罐，乃其亲制之御品也！众肃然！

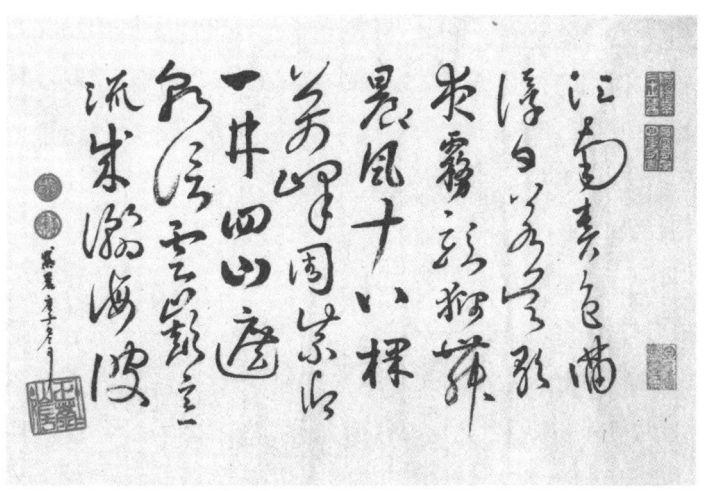

◎《狮峰品龙井》书帖

　　吾观其茶,芽直而扁如雀舌,叶底淡绿,而上覆黄斑几满,醇香如早春豌豆之气漫溢。乃小心翼翼投茶送水,以三段分时入水,不使水烫茶老。刘老曰:善!此绿茶正法也!戚师含笑不语。众人举杯,谨然而品。皆叹曰:未有鲜爽甜润如此者!然于我更有奇感,一口入喉,而双目睛明穴起热流二道,直冲头顶,而后分为四道过背部,入股胫之背,收于跗外。自上额至足跟,汗流如注!此气如蛟龙,如雄狮,如夏初之朝日,如长谷之晚风。竟一时失言!

　　须臾气缓,言此感,众人皆叹,固此,虽未有我明细者。乃述太阳绿茶入足太阳膀胱经之理。商会秘书长赵宏权先生闻之大喜,曰:事于龙井一生,始闻此言,乃知其真,观止矣!不若共上狮峰一观其气?

　　狮峰乃龙井村后一崤,在群峰环绕中,村如置井底,崤若井阶，向北而上，如雄狮昂首，肩耸腰垂。背脊之上，遍植茶树，此极品龙井所源也。嵴右有一溪，水流湍急，绕嵴而下，氤氲缓起。至狮尾有一泉，雕一石龙口出泉水，落入下方小井中，铿然有声，是谓龙井。井前有圃，生龙井原种十八棵，曾得清主乾隆御封，名声盛极。

此山之势，前屏后座，左挽右抱，气象万千。水自右出而向东南，此气位之正也！中有龙脊，自北而南，此固四野之气汇聚之所，而受日月精华浸洗，所生之茶岂非仙品？而龙脊之穴在狮尾，乃有十八棵也！

噫！神品之出，岂有幸乎！吾初品龙井茶而知其气阳盛之极！此固戚大师工艺精深之造，然其料之美，又非天时地利而不可得。故狮峰之神品不可再也！刘老曰一何易也，我曰一何难也！

◎ 狮峰山纯种龙井茶园

浙江·天台山

五绝 暮暝过舟山大桥

丹朱升海气
黛墨渲仙山
一笔瀛舟老
唯留白练宽

2018.1.15 镇海

舟山岛虽在海上,但是人类定居历史悠久,有大量良渚文化时期的遗址。因为靠近茶叶种植的发源地余姚田螺山遗址,所以茶叶分布历史也很长。舟山诸岛为天台山脉的余脉,地形气候皆宜茶。目前普陀山的佛茶据说唐代就已存在,属于典型的浙江土生小叶种。因为海上雾气凝重,所以茶叶中氨基酸含量较高,茶汤鲜爽,茶气入足太阳膀胱经。

蝶恋花 风梦

一夜风声悄入梦
或拟闲愁
或拟心思重
教使柳丝须莫动
纱窗春暖红烟笼

春短人间幽若纵
花泣残妆
栏泣疏离痛
好问此心何所恐
春风许是些些懂

2018.1.17 舟山

  复旦大学宁波研究院深耕浙东多年,科研、产业、教学、科普全面开花。我也与他们合作多年,交友甚多。浙东是多茶之地,复旦大学生命科学学院林鑫华院长就是浙东人,常以自小种茶为傲。宁波也多茶园,尤以东钱湖边福泉山最出名。研究院哲蔚邀我们数次去宁波,甲辰春有幸夜宿福泉山。山风水雾,飘入庭院,花红柳绿,渐渐晕染成了水墨,清新得不得了。翌日清晨,上福泉山茶场,见十数缓丘错落,中间若干水潭,茶园漫山铺盖,甚是壮观。山间时雨时晴,空气愈发清爽。觅一茶亭,取福泉新茶,煮水滴茶。啜饮间,凉风习面,暖流浃背,诸事尽忘矣。

◎ 宁波福泉山茶场

浙江·天目山

踏莎行 夜雨落梦

风乱情思
雨迷夙梦
离人宿在云烟弄
江流直下富春山
繁花忽见三千种

心有清明
事无倥偬
秋光未济应谁懂
只随落叶过长街
希言曾作苍梧凤

2018.3.6

访富阳场口上村曹氏，其村坐富春江上，风光绝处。江边山峰螺立，有兰有茶。村人多种龙井，茶香浓郁。茶气通膀胱经，背脊汗流直下，如江流千古，繁花落尽。昔者高贤多隐富春，其惬意哉！

七绝 夜渔

西塞山中翠雨低
鳜鱼披作落桃衣
盈盈一瓣花随雨
眼是星星水底栖

2018.3.8 湖州

湖州在天目山北,天目山出安吉白茶。人多误以安吉白茶为白茶,实则"安吉白"乃茶树之品系,乃芽叶显白、氨基酸丰富也。白茶则是萎凋晒香制作工艺所成之茶类。故安吉白茶纯属绿茶,此处赘言。今日访湖州茶山,品安吉白,滋味鲜甜,独有桃花鳜鱼之味,奇也。

五绝 原乡白梅

人间春色紧
山后雪刚浓
若是芳菲淡
藏为一片冬

2018.3.8 湖州

七绝 富春冬闲时节

乌舟晚唱春秋曲
碧水中分楚汉洲
不道农家耕读事
三杯饮尽一江流

2018.11.24 富阳

 西湖冬日

日语荷杯醉
风听柳笔香
谁留残索意
丽丽结灵光

2018.11.25 杭州

 静茶

野火青青木
幽风淡淡舟
水中观日月
不辨是春秋

2018.11.28

忆余杭 安吉溪龙茶园

重近苕溪　　　　　北山新镶催人醒
水瘦山肥云亦淡　　雨润涧南山顶
村环围展日将轻　　一芽香过一芽馨
只在叶间行　　　　天地此溪分

2022.10.2

安吉白茶，以绿茶之实，假白茶之名，乱白茶之类，故茶人说茶时，最恨安吉白，此为戏言。白茶萎凋日晒，其气太阴，绿茶扚而镶炒，其气太阳，最不类同。安吉白既为绿茶，则当归太阳脉，或如猴魁碧螺之小肠经，或如龙井狗脑之膀胱经，今其何如？数年以来，安吉茶获赠不可谓不多也，而于其气至今未明所以。

近有新友马荣，安吉名贤，硅电翘楚，有志于升级茶业，邀我至安吉，访溪龙乡之茶园。溪龙在安吉县东野，莫干山之北。西苕溪自溪龙乡西境蜿蜒而北，天目山脉自乡南境逶迤而东。1982年重获安吉白茶树种，刘益民等茶人即在此育种，渐渐蔓延群山，北逾震泽，而今遍及江南。其种以嫩白称，故叶绿素少,酚类不多,而氨基酸极浓,成茶鲜甜爽口,此安吉白之利。然则太阳气以酚为本,香豆酚类浓则入膀胱经,罗汉松脂酚类浓则入小肠经,若安吉白茶者,不以酚著,其固不明。今次来访,我必有心一探究竟。

马兄载我遍访溪龙山川,探古树,宿旧坊,入新村。此乡村田园之秀美,为江南之典型也。茶山多在乡北之大山坞中,过街穿村,进入茶园深处。车行至一丘顶,为新修观景平台。立平台南望,见堤堂山、杨家山并坐,山形甚肥,坡势颇缓,种茶便宜。北眺,见山谷幽远,溪塘点缀,村落井然。平台下玻璃墙中有茶室,平台上立茶人纪念像与石碑。碑文"一片叶子富了一方百姓",乃数年前习近平同志来此视察白茶园时所言,于茶人实为振奋。茶业之所求,无乃康民、富民、安民乎?

为分析安吉白之茶气,马兄集南北各县乡之茶样,并早采晚采,重火轻火,集于一室,供我一一品鉴。茶友见我用铜壶滴水,皆奇之。答曰:非铜壶无以得太阳之气也。十数杯之后,我心中了然。火工之轻重,于茶气无碍,唯过火有焦油味而不佳。早采晚采,茶气有浓淡之别,而无种类之异,晚采之茶,茶气反而愈浓。唯有种植之地不同者,其茶气有分。安吉北有长兴县之白茶,鲜嫩而入小肠经;安吉县南山之茶,无不入膀胱经。再查,若以溪龙乡之西苕溪为界,溪北则大致入小肠经。安吉白茶皆四十年来从一棵母树繁殖而来,基因差异不大,故其茶气之别,概自所种之地域气候,而非所种品种之异。

绿茶之气为太阳,天之阳也,故其气因天而分,天寒所生则为手太阳气入小肠经,天热所生则为足太阳气入膀胱经。前者遍寻全国绿茶,知其分界大致在出芽时之5摄氏度线,其界在浙则大致为天目山脉。今者品安吉白茶,则更知其界在西苕溪,此其妙哉!西苕溪至溪龙,水面忽宽,河道曲折,若有龙蟠。而太阳之气以此为界,莫非有龙在此定分天地?遐想于此,不禁翩然!溪龙之名其不虚也!

马兄邀我指导安吉白茶之业,岂敢为之。然白茶事业,于国、于民、于道,其必可为也!

◎ 安吉堤堂山白茶园

浙江·雁荡山

七绝 乌牛早茶

屡问山村杏未开
何为粉墨报春来
乌牛岭上乌牛早
一滴香云起玉台

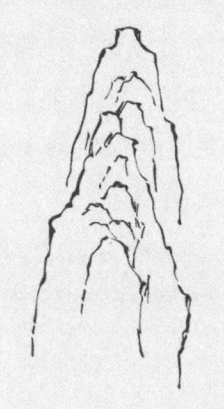

2022.2.21 永嘉

  浙南海隅，山深气暖，多育成早茶良种。智仁早、黄叶早、平阳早、清明早、乌牛早并称温州五大特早茶种，其中以乌牛早最具盛名。龙井以清明前为精，而乌牛早茶多于立春开采，早龙井两月有余，故其时茶气之清、之醇、之刚，可谓极致。乌牛早源于瓯江阳面永嘉县内乌牛岭，其地人文荟萃，思慕日久，今春得小禾夫妇之邀，幸赴茶山一睹胜景。

  立春以来，冷雨未绝，霰雪时降，动车南下，但见浙山多白首，不知早茶误时否。及至茶厂中，方知仅得数斤成茶，不及往年之半。但闻新茶鲜香沁人，虽已至午，亦难耐尝鲜之心。遂取铜壶，滴水泡茶。茶芽多蘖，如鲫扬鳍，纤毫入水，烟雨满川。出汤，入口，微微有杏花之香，仅一杯之量，睛明穴热气顿生。

又饮,穴中气胀欲破,须臾头顶背后诸穴陆续热起,潮潮汗出,膀胱经尽通矣。

兴尽上山,虽有寒风,却见满眼苍翠,春意盎然。茶园遍布山岭,以石筑坝为田,阶梯蜿蜒其间。乌牛早茶特色鲜明,叶墨枝红,新芽在叶蘖中,鹅黄鲜嫩而多尖,真如脂鲤傍青岩。园主颇以自家茶肥为傲,指夹谷两山曰:此皆自家之茶也,间植杨梅,常施积肥,砂土不黑不黄,茶味最鲜而不苦。吾望其园,如翠镶翡,沿山岭而远,直入天际烟霞。山谷中,阡陌、鉴塘、房舍,错落有致,于茶山环抱中,俨然如桃源仙境矣。唯惜杏花未开。

◎ 雁荡山智仁早茶园

◎ 温州永嘉长夹岭乌牛早茶园

浙江·象山

十四行诗　海上乌牛早

这座山已经怀孕三亿年
每日清晨思绪都忍不住奔流
土层中挤着密密麻麻的石蛋
脉搏慢慢消耗岁月的坚守

我在浪涛声中沉睡
又在春风香里苏醒
我在渔歌唱晚中迷醉
又在冰火交融时清明

夜里的海水扩张着边界
迷雾升上人间时鱼儿顺流而上
挂满每个枝头任你采撷
龙宫的秘方需要调配六克月光

又是这头老牛牵引了天与海的姻缘
塞满你背囊的是我每秒寄出的信笺

2018.4.29 象山大金山

乌牛早乃浙江南部之一茶树良种，原产于温州永嘉乌牛镇。在浙江东南部广泛引种。该种以早采为绝。诸茶皆夸明前，以清明为早；广西之茶夸社前，以春分社事为早。乌牛早则以立春为早，何以与争春？立春之牛，其味鲜甜，其气浓郁，无以言表。而植乌牛早于象山海岛，夜夜海气蒸腾，鱼龙穿梭，至午方散，其鲜美更无可比。象山茶山为海相沉积，山体结核如龙蛋，比比皆是，故土质元素丰富，更添茶味。绿茶以天目为界，目北为手太阳，目南为足太阳。乌牛早茶气入足太阳膀胱经，强效排除尿酸，清洗四末积垢。象山渔民多食海鲜，嘌呤积聚，尿酸常高，故不可一日无牛也。近者有劣商以乌牛祛毛，假龙井之名入市。殊不知乌牛之味，半在牛毛，祛毛则味寡气散，难比诸茶，何况龙井，而乌牛之名废矣！哀哉，贪一时之利，而废百世之业，孰谓可乎？

◎ 浙江象山大金山茶园

◎ 严冬中的福建武夷山茶园,因有山谷的佑护,春意盎然(图来自牧岚香小丸子)

福建

二

武夷山
- 五律　金骏眉
- 五律　桐木关访小种红茶
- 五绝　雨水饮正山小种
- 调金门　秋魇
- 七绝　折柳饲茶
- 十四行诗　大雪之下
- 五绝　瑞泉圣匠
- 摸鱼儿　饮三十六年铁罗汉得印堂之气而感怀
- 五绝　白水仙

太姥山
- 五绝　坦洋工夫
- 五绝　谷雨雅集
- 念奴娇　大暑独品银针
- 十四行诗　外婆的白茶

戴云山
- 五绝　评茶
- 五律　医颂
- 五绝　元月暇居品漳平水仙

洞宫山
- 十四行诗　扎心了老铁

洞宫山
- 十四行诗　锦屏小茶

福建·武夷山

五律 金骏眉

闽边桐木野
幽怨玉闺深
巧点眉心痣
轻敲月下簪
马奇应汗血
茶贵会流金
君至当元夜
灯高已备琴

2017.2.11

桐木关正山小种红茶历史悠久，深山散逸之中，多有奇种。乙酉年（2005年），正山传人江元勋精选多乳品种之嫩芽，改发酵工艺，制成金芽金汤，名之曰金骏眉。此茶可谓青衣红身，烹之有青茶之香，饮之有红茶之味。品味之奇，人多求之，顿时名满天下，身价倍增。青茶之嫩者有手阳明大肠经之气，红茶之嫩者有手少阳三焦经之气。二气相冲而为害，若少阳胆经与阳明胃经相冲，则咽肿腹痛。而此茶气冲于缺盆，肩酸而已。然则今之市场仿冒者多，形似而气殊，刮喉反胃，其害不浅。此茶"养在深闺人未识""一朝选在君王侧"。金骏眉未为世知时，如在深闺，一旦面世，恰如金凤出山，一鸣惊人。其色金为贵，气香为俊，形弯如眉，味醇似浆。红茶少阳气如少女怀春，若正山小种为小家碧玉,金骏眉莫非金枝玉叶乎。此茶之气,雍容华贵,令人不敢轻漫,只当细品。饮茶者,当有驸马之觉悟也哉!

◎ 福建武夷山肉桂茶园

五律 桐木关访小种红茶

春山成叶底
旧梦筑江楼
煮作松风浅
斟来竹月稠
雄关尤据险
深谷更藏幽
郁郁凭何事
桐花且自流

2021.4.8 南平

  武夷桐木关之小种红茶,四海皆谓滋味胜绝。今人多求金骏眉之高香,而吾独爱别种气纯味厚者。遍尝桐木之小种,知其气正者有三,曰桂圆香、可可香、水底香。桂圆香者为传统工艺之烟熏小种,以四层木楼做茶青,其下燃松木,其上摊渥红之茶,烘成奇香,成茶气入上焦脑垂体,可以戒痴。可可香者为坦洋工夫之工艺,深揉高熏,而得胺分子小,成茶气入中焦甲状腺,可以戒贪。唯水底香者,吾不知其何以然。其香似罗勒,其气自肩下脊,于腰上分二横出,形如人民币符号,入下焦肾上腺,可以戒嗔。心常念之,欲探究竟。忽得茶友来信,近日桐木正制水底香,速往观之。遂得与江元勋老先生一晤,乃知水底香为其2005年以奇种研制而成,其法固妙,私告于我而不可轻传也。吾恍然曰：世之良药，入于下焦而气罡正者稀矣，水底香之出，于此乃成一绝矣。是夜，吾于江墩试研水底香，竟成。此行意足矣。噫！世人多爱金骏眉之香，其知浅矣。而不知水底香之奇，其气独绝，可以养人，可以传久。

◎ 桐木关江墩茶园

五绝 雨水饮正山小种

淡山春雨翠
残醉半腮红
欲言情绪乱
心字入茶盅

2021.2.18

◎ 桐木关正山小种菁楼

谒金门 秋魇

寒月醒

夜半窗花鸦影

总是秋深欺梦冷

轻呼人不应

竹动三更幽径

草语南村荒井

几处行经心未静

白云桥上等

2017.11.3 崇安

七绝 折柳伺茶

梅花落尽千山雪

柳色听来一夜风

草木从来知冷暖

雍容四季在茶盅

2021.3.6

十四行诗 大雪之下

有一句话语要凭风来寄送
有一个念头要用雪来掩盖
有一种形象要靠夜来消融
有一段梦境要等死来瘗埋

所以有一天春风会吹遍江南
所以有一天大雪会落满魔都
所以每天夜色都会流到枕边
所以每天死亡都会更近一步

可是这一切又都有何用呢
可以描述的从来无法描述
山谷不会死去　大地的心是热的
情节出人意料　故事难以结束

用你听不懂的语言说了一句话
我到底是表达了还是没有表达

2018.1.26 武夷山

十四行诗 瑞泉圣匠

品一口红酒记得吐掉酒精
喝一杯咖啡还要加点砂糖
独自从日暮陶醉到黎明
子夜钟声中两界相撞出一道光

你可知斑马不得胃病的秘诀
黑白相间诉说着阴阳和谐
几片叶子的香气中浸润的黑夜
悄悄被丹宁酸解开了心结

怎能说清需要多少遍才摇醒你
看看你的脸颊两侧殷红的光彩
溪流被生活的烦恼劈开后分离
终将会在明天淡淡地合并起来

大道甚夷　泉水知道山下的方向
茶匾把我的色泽摇得如此安详

2018.5.3 崇安武夷山

瑞泉号是武夷山中传承了四百多年的岩茶老字号。瑞泉的传承人黄贤义老爹以祖居地为号,称"水帘洞主人"。政府为保护武夷山核心景区,把村民都迁到了景区外面,只留下瑞泉号在景区内的博物馆,向游客展示宣传岩茶的技术和文化。制作岩茶的关键技术是高温浪菜工艺:在室内点一只炭炉,让室温升高到三十摄氏度以上,将轻微脱水软化的茶叶放在竹匾中以各种手法摇碰,使得细胞裂开、氧气进入细胞,在多酚氧化酶的作用下,酚和其他醇类被氧化成醛类,再进一步被氧化成酸类。因此,作为青茶的代表,岩茶的主要成分是各种有机酸。过去技术有限,分不清,统一叫作"武夷酸"。现在我们通过质谱分析发现,其中主要成分是紫草酸、肉桂酸等。这些成分是浪菜完成以后再杀青和足火烘焙,去除所有不稳定基团以后才形成的,对胃部的肌肉和黏膜细胞有着非常显著的保养作用。所以岩茶才是真正养胃的茶。胃动力不足、恶心反胃呕吐、胃炎胃溃疡,都可以喝足火岩茶来治疗。胃不宁则寝不安,胃的健康关系到整个人的精神状态,所以岩茶在养生保健中太重要了。近年,市场被少数人诱导,开始推轻火的岩茶,主观地认为那样茶叶更鲜活,实际上,大量不稳定基团进入胃以后剧烈反应,对胃细胞的伤害极大。所以黄老爹坚持浪菜足工、烘焙足火,让武夷酸反应完全,这才是正道、正茶!

摸鱼儿

饮三十六年铁罗汉得印堂之气而感怀

问何年　梦长思短　那堪索忆来处
鸿声燕影惊魂里　只为玉颜清露
身在彼　心在此　无言真个曾倾诉
佳缘难遇
怎　倚散春风　望偏秋月　却叫谁人悟

捎今夜　几盏浓茶甘苦
眉头立解千绪
武夷已是前尘事　深院半开东户
应有故　桂枝折　松花橘果新栽树
紫烟凝驻
叹　吴匠安劳　姮娥不郁　唯信烛中语

2021.12.31

年末，诸事稍定，诸友纷至，一日尽茶中。各地捎来茶样繁多，未及尽品，待试却少有佳者。从来佳茗如佳人，何须在言却在心。至晏，重庆诸友方来，宏西取出数款茶样。初试水仙，焙火未足，饮之胃痛。又尝1986年铁罗汉老茶，未敢多有期待，不想竟有意外之喜。此茶香气固已非桂，若枳而有清甜，两盏下喉，印堂火热如炭丸之炽。此诚心包经上行之气也，比六堡茶更有甚之。铁罗汉者,武夷岩茶之奇种也,新成之茶必属青茶而气走阳明。阳茶久而气散,修行而善者愈九年则转阴。转化之道,合于《黄帝内经》少太互转之理,即少阳转太阴,太阳转少阴,阳明转厥阴。司马相如叹曰:"邪绝少阳而登太阴兮,与真人乎相求。"阳茶转阴,其神也欤。转阴之老岩茶,吾多有遇,七十年之肉桂,二十年之大红袍,十年之水仙,所化之气虽则厥阴,却尽归肝经,未尝有归心包经者。故以为岩茶老者唯有一气,今日方知有铁罗汉而异于他茶。更饮,千绪旋解,诸烦尽释,心神宁静,天眼通透,大爱。友问何由也?吾却未知。武夷岩茶,水仙最奇,而余者略难辨识。索忆新茶铁罗汉,当时并未多留心,未觉其异乎寻常。今忖之,其味比之肉桂而甜,比之红袍而凉。突然醒悟:此味略似罗汉果,铁罗汉因而得名乎?罗汉果之清甜,源于其中罗汉果苷,因而入心包经。铁罗汉老茶久而愈甜,或是其中渐生罗汉果苷,待时须上机检测,必尽知其因果。一道佳茗,知其名,见其面,可谓久矣,昔时泛泛,而今方知其真心可贵,岁月诚不我欺。岁末,又遇一大幸事也!

五绝 白水仙

玉人山下路
春日水中仙
郁郁壶心气
湍湍腹结间

2021.12.7 建阳

　　福建者,福州建州之合称也。建州之盛,今在建阳。建红建华黄氏姊妹在建阳制建盏并作小白茶。前日福州会后,顺路造访,正遇建华,甚欢。介绍其师白茶传人吴宝华。是夜,席间品其茶,觉清甜如冬枣紫蔗,殊异福鼎政和。饮食间未明其妙。翌日,众友携我往漳墩之白茶山乡,于漳白及同泰昌茶厂品各类白茶,乃知昨夜所饮非建阳小白,而是水仙白茶。建阳小白虽好,其味如红枣,气上天溪,与福鼎政和略同。而水仙之白茶,其味清鲜,气驻腹结、大横、腹哀诸穴,皆在膈下,不上天溪、胸乡。此脾经白茶之钥异而开穴不同也。吾忖此水仙白茶,对淋巴结节炎症可有奇用。叹乎水仙之种奇绝哉!为岩茶则不下幽门而上头维,为红茶则不上泥丸而下子宫,今又见其白茶,不上天溪而驻腹结。奇种之为奇用,有诸大焉!建州一行,访茶人,观母树,甚兴。归途中,吾与建华相商,水仙白茶之名,两名词相接,主次不分,略感拖泥带水,不若呼之"白水仙",则与白牡丹同列,岂不美哉?于是泼墨题"白水仙"三字,定勠力传其名也!

◎ 福建建阳漳墩小白茶母树

福建·太姥山

十四行诗 外婆的白茶

母亲的寂寞写在春夜的线脚里
夜雾　太阳　柳絮　都是漆黑的帘幕
只有一支细笋穿破年轻的回忆
透进幼时那一枚雪梨的香熟

我听到马蹄声踏着蝴蝶的宿梦
我记得白茶盅接到故事的尾声
我酿成小确幸斟入日历的酒盅
我走近金针菜闻见久违的欣幸

这一个端午能否推迟十日
让思念积蓄赶上箬叶的烹蒸
言语被大雁偷换成浓浓的汤汁
有种爱把时光和眼泪密密补缝

当这枚银针滴入春夜的凉风
满月已经被纫在夜色的正中

2018.4.30 福鼎太姥山

福建东北的太姥山,是白茶的圣地,最有名的白茶绿雪芽就出产自这里。绿雪芽白茶庄园把茶叶生产和白茶历史文化都融汇在山水间,真有如归之感。茶园主人的外婆年年用心亲手做一批古法银针太姥白茶,闻之若粽叶新蒸,饮之如鲜沥初淋,沁人心脾。清凉与温暖,毫无违和感地共存,妙不可言。这就是家的感觉吧?品尝后惊觉,这不是梦中寻觅的极品太阴白茶之味吗!太阴之真谛,在慈母手中也!

◎ 福建福鼎太姥山绿雪芽白茶园

念奴娇 · 大暑独品银针

蝉鸣声竭　渐销暑中气　昙添浓绿
珠结碧纱　还独坐　几盏淡茶应足
前念匆匆　后思脉脉　一驻千般欲
更难收处　可随秋去鸿鹄

送我风雨来时　艳阳高地　过尽潇湘竹
忽也鲲鹏居北海　忽也终南山鹿
梦是悠悠　行常碌碌　解得人间毒
银针杯底　暗余豪气斟读

2018.8.5

寒暑是温度变化的速度，阴阳是温度变化的加速度。夏至以后，日照渐少，阴气渐长。阴气使得人体能量内收。但是温度继续在升高，所以有小暑和大暑。大暑是大致上最热的时候，阴气内收，气温又高，使得人体感觉特别闷热，所以大暑养生最需要释放闷热。白毫银针入手太阴肺经，《黄帝内经》说"太阴为开"，所以喝这种茶可以开释阴气，排除暑热，最适合大暑时节。但是，白茶的调配，必须焖煮，白毫银针这样的嫩芽茶也不例外。把干茶和凉水放入水壶中煮开，煮的时候用湿毛巾捂住壶口不让蒸汽泄漏。这样，在蒸汽中会生成大量银针特有的穿心莲内酯等白茶酯，对呼吸系统的保健特别有效。

五绝 谷雨雅集

尽日春思酽
烹茶扫乱风
一声惊宿鸟
花落浅杯中

2017.4.21

◎ 洒金窑变柴烧杯盛白毫银针

五绝 坦洋工夫

乌金细扭丝
馥郁焦糖脂
喉吻一时清
闲愁方欲止

2023.9.18

坦洋工夫本是红茶一绝。其条索纤细均匀,经烟熏至墨黑,无一丝青味(羟基自由基)残余。其香味若黑巧克力之浓香,源于内含极其丰富的苯丙胺衍生物,故而集中作用于甲状腺与垂体,于治甲减甲亢皆大有裨益。此普世红茶之未可比也。

今日参加坦洋工夫上海品鉴会,方知其工艺俱已创新,书中记载的传统红茶越来越少了。

福建·戴云山

十四行诗 扎心了老铁

如果你还在询问生命的意义
如果你继续追求佛法的真谛
灵魂将如铁锭沉到宇宙之海底
心与身将彻底地分离

叫你放下的人从没有放下
带你超脱的人不可能超脱
我说的笑话你以为真是笑话
这件事情该怎么做就怎么做

当我流血的时候我吸收了信仰
在我被杀的那天我孕育而生长
从阳明到厥阴　两界之路坦荡而悠长
过来吧　过来吧　浸湿一个梦洗掉一种想

三十六年后我们共饮了一杯鸡汤
扎心了老铁　你说什么爱都已遗忘

2018.5.2 安溪枫凤山

铁观音出产于闽南安溪县。安溪北县红星村枫凤山王庆文大师,坚持祖传八代的魏荫传统铁观音工艺。铁观音反应在于四种手法的浪菜工艺,俗称四片手。然而市场皆以半发酵为准,只做两片手。四片手的反应,使得铁观音中的各种酚类和醇类都氧化成了有机酸,让青茶保健肠胃的功效达到极致。两片手的铁观音含有大量中间产物醛类,虽然芳香浓郁,但刺激性极强,对人体危害很大。可惜茶界不通此理,只讲故事。可知王大师坚持传统是多么不易。他也极难得遇到认可他工艺的专家,兴奋之时,把压箱底的三十六年老铁泡给我喝,分明是一碗党参黄芪母鸡汤。我分析了大师制做的不同年份的铁观音,有当年、五年、九年、十三年、十五年和十八年的,随着年份渐远,汤色黄绿渐浅、橙红渐深;滋味有机酸渐淡,茶苷渐浓(滋味呈甘薯甜);阳明气渐减,厥阴气渐增。大分子糖类在长期存放中渐渐断裂,与有机酸化合形成苷类。多酸则青,多苷则黑。以九年为界,阳明青茶变厥阴黑茶,神矣!九为阳数之至,古人诚不我欺。

◎ 福建安溪剑斗镇红星铁观音茶园

五绝 评茶

远山藏古道
静水见幽篁
不二清明法
深居独自香

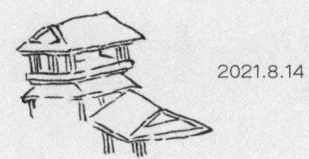

2021.8.14

前日得慧姐相赠国人茶厂内部私藏铁观音一盒,归来试品,其香若辛夷,其气入大肠,近于王庆文先生所作之古法铁观音。作者名之曰浓香型,而慧姐谓之真铁观音。我深然之。世之诸茶上市,手艺有高下,而良莠不齐,岂可不评不辨,不分善恶而均列之。故人多谓铁观音有浓香轻香、岩茶有足火轻火、六堡有干仓湿仓……怪言误众也!铁观音浓香出阿魏酸入大肠经,而轻香多醛,伤食道。岩茶足火使紫草酸稳定入胃经,轻火使分子基团不稳定而伤胃。六堡干仓有枳实之香,湿仓则霉腐不堪矣。茶有六术,为合人之六脉,此天道平衡也。而六茶之中,各茶有各技,何其严苛,守正则善,背道则恶,岂可等闲而作东郭之态。法万,道一。养人为茶之一道,有机反应为茶之万法,而技艺万千皆为一道。吾必守道一,铁面无私,此真铁也。

五律 医颂

世有慈颐者

衣衫白若仙

仁心安妙术

朴道涌甘泉

不畏神农志

常怀扁鹊言

如无痛疾苦

夙夜竞拳拳

2018.5.2 古田

◎ 福建安溪南阳铁观音母树

五绝 元月暇居品漳平水仙

岩上开花树
春来卧淡香
年中鸦雀少
空挂小轩窗

2022.2.6

　　元日以来,居家避瘟,少有走动,独喜有暇静品茶样。遂翻箱倒柜,从柜底翻出漳平水仙茶一方,藏之三年未饮,不知闽南漳平之水仙与闽北武夷水仙何异。今得暇,欲辨究竟。水仙之树种自武夷山至博平岭,本属一系,皆枝高叶阔。武夷之水仙,多揉为条索而焙火厚重。漳平水仙,焙火轻淡,自1914年茶人邓现金将之制为寸方小饼,独为奇形。武夷之老枞水仙,虽与诸岩茶之气略同且入胃经,然则独上胃经之头维分支,于岩茶中为一奇。今观漳平水仙,不似武夷之月桂香而有水仙香,其气能同乎?入口,胸膺两侧渐热,气驻于膈膜之下梁门、关门诸穴。又饮数杯试之,确然。其气左行三成而右行七成,又异于肉桂、大红袍之左行。奇哉!同为水仙,同入足阳明胃经,武夷之茶入头维穴而漳平之茶入梁门穴,地异耶？工异耶？待有时机赴漳平,必须实验探之。

  此问一出,各地好友捎来数十款漳平水仙茶样,果然工艺各异。其中多轻焙火者,香型虽有水仙、栀子、木兰之分,其气皆入梁门穴,左右之比在三七至五五之间。三联重穆兄带来木兰香之漳平水仙,滋味与古法铁观音毫无二致,茶气却入胃经梁门穴而不入铁观音之大肠经,应是摇青温度不同之故。厦门丸子寄来一款漳平水仙,焙火颇重,薯香浓郁,其气初下,须臾上行至头维穴,又复武夷老枞水仙之径。由此可见,漳平水仙之气异于武夷,虽地气品种略变,更因焙火工艺所差者大。足火者入头维,轻火者入梁门。然则漳平水仙可轻火,而武夷水仙轻火则饮之腹痛,又品种地气之别也。故此,漳平水仙其可珍矣！

岩上開花樹
春來卧淡香

◎ 品漳平水仙

福建·洞宫山

十四行诗 锦屏小茶

可能三年和八年的效果差不多
也可能明天的阳光已足够
我隔着六个平行世界对你诉说
当两个六角形的分子暗自牵手

真实的反面是虚幻还是谎言
在那个象鼻之下藏着另一个洞宫山
徽宗的茶盏中香气如此多变
而我已看到了棋局的气眼

各种化合物的名字蜂拥而来
谁和谁才是天作之合海枯石烂
形状　颜色　质地　气味　准则早已不再
我只关心酯化的没食子酸和穿心莲

那天我盖了一块湿布发酵生活
于是漫山烟气中挤满了快乐的白馍

2021.7.3 政和

《大观茶论》言茶"擅瓯闽之秀气"。众茶山独洞宫山纵行瓯闽之间,以道家仙山洞天名。入闽则政和县之锦屏,山谷之间茶树丛生,形色各异,基因多样,不知凡几,最佳者名之曰"锦屏小茶"。世人皆知福鼎白茶之胜,而政和白茶自宋时固闻达矣。白茶品种甚蕃,福鼎有大白、大毫二种,洞宫山以东有福安大白,以西有政和大白,各种皆纯,或尽出于洞宫山。盖凡发源之地,其种繁衍愈久,变异愈多。故洞宫之中锦屏小茶,其芽有黑白紫红,其叶或小指大掌,疑为诸白之母也。锦屏小茶晒为白茶,即为遂应贡眉,富含鼠李醚、没食子酸乙酯、穿心莲内酯等,脾经之太阴气强健,正可"祛襟涤滞,致清导和",经通脉畅也。而品类愈蕃,则内涵愈丰、功效愈强,锦屏小茶之为汤,实天作之复方也。

◎ 福建政和锦屏小茶母树

◎ 台湾冻顶山麒麟潭边的茶园（蔡奕哲摄）

台湾

三

冻顶山——{归国谣} 东方美人

北大武山——{浣溪沙} 大武紫眉

台湾·冻顶山

〖归国谣〗东方美人

金错碗
五月槐花香欲满
莎莎声里青波眼
蓑衣换作丝绫冠
江山远
一杯仙露尘缘浅

2024.6.11

  不赴台湾经年矣,人事多舛故。十年前离台,曾言必归访雪山,品乌龙。未想一别茫茫,乌龙时有友人捎至,而雪山茶乡却不知何日得见。

  台湾之乌龙,滋味殊异于福建。清香者如大禹岭,其气如香橼,贯鼻而上,萦脑不绝。沉香者如东方美人,其气若蟠桃,透肺而下,润肠经久。此二者皆大肠经茶之神品也!树种不同而香型各异。大禹岭之茶种,应为明清之时入台,或为郑氏部曲所携,时日未久,故与闽之乌龙差异不大。而东方美人之类,以台湾原种基因为基础,则其味独特,如蜜桃槐花,此内含芳香分子近于槐花二醇、芦丁素之故。

  台湾原种虽谓之原种,一如当地所称"原住民",亦非自古在台者,而亦早期自大陆移入。高山族自七千多年前数批入台,渐渐融合演化成台东各族群。平埔人则多为两千年前移入台湾西部,汉武帝平闽越之流民也。台湾原住民操南岛语系诸语,今多谓闽越语亦属南岛语,实则观之基因谱系,大洋、马来等南岛诸族皆源于闽,而其核心源于江浙之马家浜文化与良渚文化。故人文可溯源,台湾之人源于浙,台湾之茶亦然乎?然也!茶分大叶、小叶两亚种,今之江南小叶亚种,皆源于六千多年前之一母本,而马家浜文化田螺山遗址距今六千多年,出土目前最早之茶园,此或为种茶之始。茶树由浙入闽,乃化为乌龙之系。而台湾原种之茶,入台约两千年,多为平埔人携入台者,日久则性变,滋味自成一体。故台湾原种茶多有槐桃之香,或烘或焙,或青或白,皆不变其味。

今年台湾茶人蔡奕哲数至,分享数品佳茗,清香者有大禹岭、冻顶乌龙之类,焙火者有足火岩茶之类,饮之阳气振奋,通体舒泰,真乃别茶人也!惜茶山未访,仙景不识,故讨台湾茶山照片数张,观之愈羡!思往,但恐网络不通,入则迷路哉。

东方美人,原名白毫乌龙,在台视若农妇,泯然众人。传诸西欧,惊艳王室,谓之"东方美人"。其人,其茶,其文,其道,彼尚自珍乎?观图神游,唯案上槐香幽幽也。

台湾·北大武山

浣溪沙 大武紫眉

洗尽人间粉墨鬐
峰峦独上紫天南
瑶台醉饮梦将酣

酽酽三杯江汉水
翩翩两袖汉唐衫
醒来犹是故乡甜

2017.9.21 景德镇

曾一士，文正公后人也。热衷两岸交流、弘扬中华文化。创建中华文化研究组织，特设茶叶研究所，以推动中国茶叶研制和中华茶道发展，由茶界圣手陈文章先生亲任所长，所出颇丰。台南屏东县境内，有台湾南部第一高峰北大武山，山势如劈；山中草溪林海，云嶂雾峦。日据时期发现峰峦间有古茶树数株，经测乃唐宋之逸种，遂录册为珍。唯有布农老猎手能入山采此千年古茶。百多年来，屡有茶师试制，因树过古，未尝有成茶者。今者陈公之茶研所，独得采制之权，于早春拘古树初生之紫芽，制成寿眉白茶，年得十五斤，谓之大武紫眉。其茶叶紫如貂皮，芽香若蟠桃，汤亮近血珀，气醇似醴浆。以沸水焖泡，出汤渐浓，饮之右足拇趾热气顿生，太阴气直上天溪。若之前有食不化者,浊气顿时反出,神志一清,此足太阴脾经贯通,脾之运化功效也。故知此茶太阴脾经气之纯正刚猛。另有一气自太阳下。初试此茶,我于瓷壶中置三克茶叶冲泡,与友人饮五六轮而罢。次日再泡,隔日再品,其味未绝。五日后,茶汤无色,取余叶投入铁壶煮沸,出水甘甜之极。千年之树,于宝岛仙山受日月精华久,已有仙气乎?茶有神者当如此!

◎ 台湾屏东唐代古树白茶大武紫眉(煮和泡色泽不同)

◎ 广东凤凰山古茶树

广东

四

凤凰山
- 南歌子 凤凰单丛
- 十四行诗 乌岽天湖
- 七绝 竹叶单丛
- 七绝 茶痴

圭峰山
- 苏幕遮 三十年陈皮普洱
- 七律 起行

广东·凤凰山

南歌子 凤凰单丛

岭上千枝翠

云间万种香

无晴无雨最时光

采得一簸绝色

满庭芳

自在风中静

难来火里凉

煎熬始有好文章

把盏当垆轻唱

凤求凰

2017.6.12

凤凰山,粤东之胜绝处,中华之朱雀屏,云深林密,气象万千,尤以潮安乌岽山为最。山中多遗古茶树,冠盖方圆多有二丈,零落各处,单树成丛,名曰单枞,现勘为单丛。自宋末怀宗南狩,食此茶而神清,单丛之名始传。经历代传种,凤凰山中遂有单丛两万余。所奇者,单丛树老气浓,变异繁多,芳香各异,善者各有蜜兰、甘薯、黄栀、芝兰、桃仁、玉桂、姜花之香,乃至鸭屎之气亦为人所好。此必为单丛相关基因多变异之故也。凤凰单丛故此成茶中一奇,必造为青茶,方可尽其香之甚。为留其香,采摘须无晴无雨之阴天,得其中正阳明也。单丛树老气沉,成青茶则气入足阳明胃经,此经起于迎香穴,故行气则有香生。土蜂、甘薯、生姜、黄栀,皆入胃经,正气入胃经因有此诸香。青茶新制多寒凉,虽经风凋火焙难去其冷。凤凰山其地属火,营气乃热,使此地之茶寒气消融。姜性热,单丛有姜花香乃为上品,名曰通天香。余者诸香,皆可理气舒胃,使人凝神静气,不为外邪所侵。吾品一单丛,而知世间名物之盛、道法之融。

善哉,青茶之气沉者,凤凰单丛观止矣。

◎ 冲泡凤凰单丛

十四行诗 乌岽天湖

你知道那个湖在哪里吗
山峦起伏　草甸掩盖了心情
还有曾经狂躁的大地流淌着岩砂
指引方向的只有这颗故乡的星星

我已经找遍了所有的寂寞
我已经厌倦了所有的矫情
夕阳西下涂抹着夸张的凤火
而我在山岭的东边乌夜里宿营

黑云为帐　茶树斟下浓香的窖酿
珊瑚如林　蕴藻绕成华丽的丝绦
今夜的山谷在子时碧波荡漾
只为知心一人澎湃起心潮

在潮水退去前我采下一叶情诗
证实湖水的是浸透的负氧离子

2018.4.9 潮州凤凰山

广东潮州的凤凰山脉，以青茶凤凰单丛而出名，尤以乌岽山为佳。凤凰单丛据称源于宋末帝后蒙尘之时，在凤凰山繁衍近千年，演化繁茂。茶树的芳香分子类型变化极其丰富，老树几乎一树一味。因老树自根分叉灌丛丰茂，单树成丛，故称单丛。但是宋帝蒙尘之说，颇疑托词。以单丛基因多样性的丰富程度，不像几百年的演化可以形成的。小叶种茶树在广东的扩散，应该有两千年到四千年之久。单丛的茶树种植历史也应该以千年计。潮汕青茶除单丛外，还有揭阳炒青。单丛入足阳明胃经的贲门分支，而炒青入胃经的幽门分支，与大红袍的气感类似。有趣的是，大部分青茶是清代发展出的浪菜工艺做成的乌龙茶，揭阳炒青却未经浪菜工艺因而不是乌龙茶。所以现在很多人把六大茶类中的青茶直接替换成乌龙茶，这是完全不科学的。陈椽先生首创六大茶类的分类时，在论文中也强调青茶不止乌龙，可惜茶界太多不假思索的以讹传讹。

七绝 竹叶单丛

千丝竹沥清如月
万缕兰馨冷若风
岂恨人间无所爱
亭亭一树幸相逢

2017.3.28

  诗威携来极品好茶一泡,欲炫于我。初见知为凤凰单丛,心中暗疑,何奇之有。待冲,清香冷射,如月光,如兰草,不可稍滞。饮之,其味更异,若竹沥之鲜爽柔滑。品其气,虽凉,不似他种岩茶之生硬锐寒,入于胃,如夏夜清风拂体,令人百骸俱轻。方言此乃单丛圣手林贞标监制之私茶,等闲不可得之。其叶采自其挚爱之一树单丛。贞标爱此树之甚,不可稍离。古有梅妻鹤子,今者茶妻可喻之也。据言贞标年少时纵横商界,应酬无数,故而胃伤,虽爱岩茶之香,奈何胃不可耐其坚,遂思制成己可饮之茶,潜心试验,独有一树,方成此品。故此岩茶实则洗尽铅华,归隐竹林,如坐而谈玄之高士,清冷不可忍丝毫俗气者。欲得其道,必先爱其物。唯茶如其人,盖爱之而人茶合一矣,必得其道矣。

◎ 广东凤凰山的竹叶单丛

七绝 茶痴

颠倒梦想正心伤
呓语从来不思量
待折山花等闲看
也无故事也无香

2019.2.16

标哥最恨人家用香型来称呼茶种。

"这一款单丛叫杏仁香。您来闻闻,哪有这样的杏仁味?"

我从他手中抓过一把刚摇成的茶叶,凑近鼻子深吸一口气。青涩中带一点苦味,又似有点酸,若说像杏仁,还真没这样的杏仁味。但是又实在找不出一款更贴近的香型。

"每一种茶的香型都是独一无二的,与其他东西都不一样,用其他东西的香味来描述,就误导茶人了。"

确实,茶中所含成分不知凡几,如果自由组合,可形成的混合物更不计其数,洋溢的香味大多不同。怎么找得到另一种东西与某种茶有一样的混合配比,散发出一样的香味呢?我想起赫拉克利特的哲学论述——"人不能两次踏进同一条河流"。

我们认为的同,都是相对的,一定程度上都是虚妄的。而绝对的真相就是异,就是唯一性。你永远找不到两片完全相同的叶子、两枚完全相同的指纹、两道完全相同的茶。不语,就是真。

所以,标哥在雪夜独自抱盏,品味月落乌啼,不语。

所以,标哥在山巅携友观蕾,指点春意枝头,不语。

"你们须放下一切想法、一切认知,全身心融入这道茶。"标哥的茶,就是有血有肉有个性的,就是讨厌别人说它像谁谁的。"这种感受,只可意会,妙不可言!"

只有爱它的人,才能得到它的爱。至于为什么爱、爱什么,如何说得清?就像老夫老妻举案齐眉几十载,一颦一笑都已稔熟,相互体悟中爱自然地存在,什么都不用说。

茶就是这样,无可比拟。若说爱其香,何不闻花?若说爱其甜,何不尝果?若说爱其鲜,何不食醢?茶之利,非在于彼也!

所以我们用各种香来喻茶,不得已而为之也!我们要类而究之,不得已而言之,言之则虚。标哥不屑于这样。他是真爱茶的痴人,他是痴爱茶的真人。

本以为真人是不语的了,就让大家一起来感悟好了。未想他终是写了茶的著作。此书莫非要不留一字?一气读下来,果然!眼底虽是洋洋万言,心中却似乎澈然无字。一本书,洗尽了茶的铅华。

我看过那么多讲茶的书,都是从各种起源故事讲起的。然而,没有一个故事经得起推敲,经得起考据。从人类学的角度,群体的记忆往往有很大的不可靠性,历史与幻想会叠合在一起。一个事物初现的时候,人们往往不会刻意铭记。更多事物是渐渐形成的,在人们不知不觉中形成。多少年以后,当它成为人们生活中的要事,就如茶,人们就需要对其来历有个说法。总会有人编个故事,以叙述者的认知能力描绘其发明,把数代之工、造化之力集于一人,必然有太多人力所不能,必然需要太多机缘巧合,而不知其背后的科学逻辑、历史规律。太多缥缈的无巧不成书,让言者津津乐道,让听者如痴如醉,而于茶事何益?故标哥恶之。

给这些胡编滥造的故事都打上大叉!今夜,我们不讲故事,我们只喝茶。我们抛开一切成见,无论规范,不凭贵贱,忘却五色五味,照见五蕴皆空,只用心灵去与茶相应,来一次天人合一的体验。

标哥的书不讲故事,标哥的茶不论香型。

读书,喝茶,求真,做人。道在其中矣!

(记于戊戌小寒)

附记:今日取出标哥年前所赠"宋种一号",与挚友共品。无与伦比的香甜,直下胸膺的阳明正气,让人感动得热泪欲下。还是要比喻一下这种香甜,就像嫦娥仙子酿制的桂花蜜!反正你们没喝过那种桂花蜜,怎么知道我说得准不准?哈哈!

广东·圭峰山

苏幕遮 三十年陈皮普洱

醉人香

迷眼气

一盏金汤

化作舒心味

霜雪卅年幽梦里

此忆无端

只有星星事

野茗山

青橘地

几处仙乡

尽是逍遥意

收拾风流藏旧岁

明月高悬

直到秋池起

2017.1.28

普洱属黑茶，气归厥阴，走肝与心包两经，有疏肝安神之效。阴茶阳藏，厥阴黑茶当高悬以得中阳之气，方可长年发酵之中正。清时有粤人偶以陈皮配普洱，其味妙不可言，遂试以橘果掏空藏普洱，乃有今之陈皮普洱。旧典曰陈皮入脾肺二经，为太阴气，其实谬也。天然之物，所含成分甚蕃，陈皮含陈皮挥发油，润肺极佳，然则油脂并不归经，故虽润肺而不归肺经。归经者，其中所含橙皮苷也，入手厥阴心包经。陈皮有理气健胃之功，乃其厥阴气之疏肝安神所致也。胃病者，心病也。肝疏则食不郁积，神安则脾胃舒畅。不愁不怒，胃口安有不畅？故而陈皮与普洱同气，《茶经》隐约提及陈皮为茶引，实为黑茶引也。近日罗兄得三十年陈皮普洱，邀我共饮。金汤入盏，佳香四溢，饮之忘忧，唯余岁月攸攸，情义绵绵，真滋味也。

七律 起行

寒衫小驻梅前雪
只赖东君未入家
始信香来香似爱
因疑迹去迹如麻
几年风月山间鹤
四处云烟陌上花
付尽今生终不悔
何妨夜色倚竿斜

2017.4.13 广州

◎ 广西岑王老山凌云白毫茶园

五

广西

岑王老山
- 十四行诗 天书奇谭
- 采桑子 雒越红茶
- 小重山 右江畔话雒越缘起
- 五绝 旅中眠

云开山
- 入塞 六堡茶
- 七律 月夜饮六堡茶
- 海棠春 长留
- 浣溪沙 茗想
- 十四行诗 茶烟

广西·岑王老山

十四行诗　天书奇谭

在凌晨入睡却又在午夜惊醒
空间被悬崖压直　时间恢复了弹性
每次灵光一现都会引发鸡鸣
千年的现实陈化作了梦境

我的水桶中吊起一个怎样的蛋
琅琅书声不再是晚钟与诵经
不可能的因果留下可能的荒诞
是妄想起了无尽的刀兵

是我吊起的蛋中孵出了我
秘诀在天书第三十七页的夹缝
从指尖绕到耳后的经络
在思念的茶汤回到指尖与你相逢

你一定要转发这条好运的锦鲤
那一晚的甜梦不会把你忘记

2018.4.8 凌云岑王老山

广西凌云的岑王老山出产著名的凌云白毫茶,品质特别好,可以做成绿茶、红茶、白茶、黑茶,都可达极品。尤其是制作红茶,茶山最忌讳大风,凌云茶山在峰岭深处,几无风动,正宜红茶。凌云古称泗城,《平妖传》故事据称就发生在凌云。其中那个古庙的遗址就在凌云中学,至今还有石刻雕塑。吊起孵出蛋子和尚的天鹅蛋的那口井,就在县宾馆后院。县里还有著名的锦鲤祠,转发锦鲤有好运的出处便在此地。

◎《平妖传》遗迹

采桑子·雒越红茶

僮家最爱三春月　　何山采得金镶瑙
花在霓裳　　　　　风化醇香
歌在云乡　　　　　雨化红汤
一种心思在大江　　人化柔肠百色光

2018.2.1

　　前日与智峰兄赴百色调查，于友人韦敏处得一红茶，出自岑王老山，以凌云白毫茶之饱满金芽酿成，黑巧克力之气纯美至极，惊艳！惜无黑陶壶可泡，遂携归。今日品之，其色红润如玛瑙，其香四溢如可可，其味醇正如饮黑巧克力汤，其气柔畅贯通三焦，尤其集中于中焦甲状腺。吾未尝逢红茶有美于此者。未想瑶僮之乡有此佳茗，必记之！

小重山　右江畔话雒越缘起

几道青峦几道关　　零落是天边
冷霜欺瘦马　　　　犹为华夏梦
尽风烟　　　　　　已潸然
重行江畔又经年　　只将碧玉奉英先
逢故友　　　　　　千岁后
一语话绵绵　　　　溪峒觅奇观

2018.1.26

　　广西民藏家余智峰等致力于研究雒越史,成果颇丰。谈起壮族缘起,我认为必须基因与文物对照研究方可知之。约4400年前,颛顼时代结束,良渚文化失势,江南留守政权被逐,离开华夏核心,流落岭南,是为石峡文化,后在广西化为雒越(亦称骆越)。广西的小叶种茶树是不是那个时代从浙江被带到了广西?

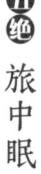

五绝 旅中眠

何言身是客
地北近天南
雁影清鸣处
悠悠梦已甘

2018.1.28 南宁

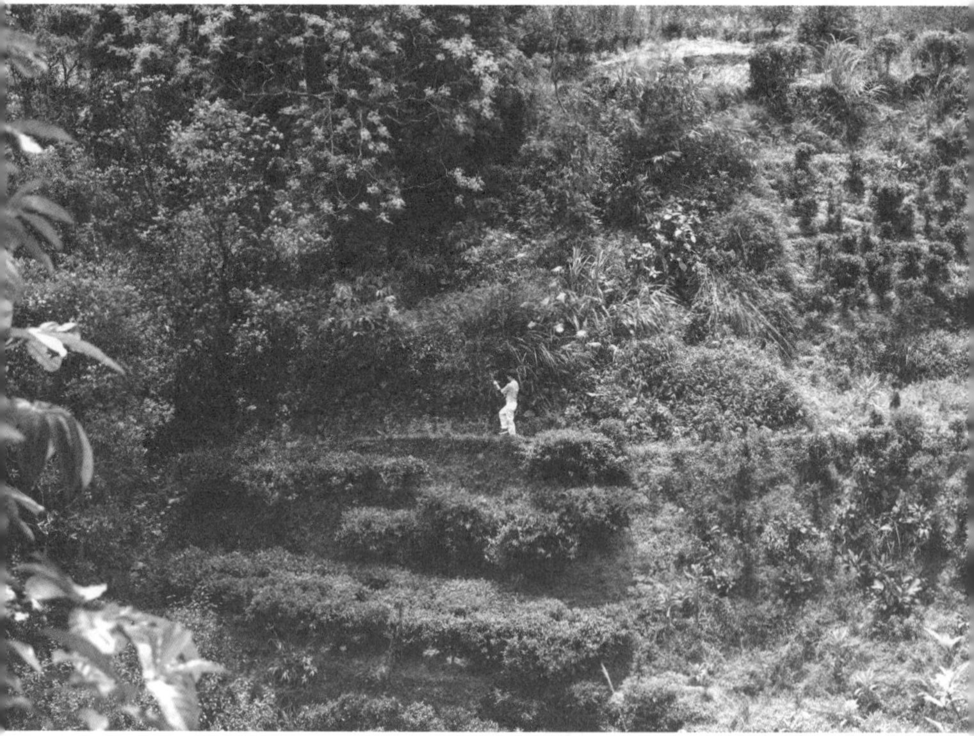

◎ 广西苍梧六堡茶园(广西梧州老塘平茶业供图)

广西·云开山

〈寒〉六堡茶

梦须重
雪披檐　月上松
一丝炉火淡
几载袖边红
情也浓　水也浓

满斟浓情越动容
玉盏清　宜在夜中
蓝山藏入碧雕宫
心正慵　眼正慵

2018.11.21

　　云开山为粤桂界山,气象壮观、自然资源丰富。今六堡茶多出自广西梧州云开山,他地亦有制。初识六堡茶,乃多年前于广西南宁老友胡正梁处。其师手作六堡,于广西民藏所存甚多。六堡其气如陈皮,其汤如浓酱。当时饮之,未觉甚奇。去年得岑王老山浪伏茶厂所出之2012年六堡黑茶金竹垌一罐,当时非季,不思品鉴,遂置之卧室柜顶。

　　前月有友携六堡茶而来,开罐闻之,仓味甚重。吾曰不可,故取来金竹垌,开罐比之,判若云泥。友人大喜,必试饮。滚汤入紫砂,甜香顿起,汤色红稠。待入口,竟若蜜橘之味!气入心包,于胸口上下左右四方涌流,若春光四泄。满座心情大好。

　　于是收之而藏于办公室,数日后又饮,竟气淡味枯,难以下

◎ 六堡茶

咽。携归,复置于卧室柜顶。又月余,再饮,蜜橘之味归矣。此事何其怪哉!

细忖之,略通。心包厥阴之气,最是阴阳相交,须得人之阴阳气养。置于卧室,恰有夫妻阴阳和谐之气养之,此茶必佳。而置之办公室,无厥阴正气,阴阳不交,此茶遂枯。嗟乎,天亦阴阳合而生,人亦阴阳合而喜,茶亦阴阳合而润。道之不虚存也!

六堡之润,如佳人红袖,雪夜相伴,不足为外人近也。夫妻之道,阴阳之和,本为私事,宜藏之深院。六堡之柑甜,当与凤池秉烛对斟也。

七律·月夜饮六堡茶

又下空山困鹿门
幽香不醉夜归人
茶浮紫气浓浓味
月上梅花淡淡痕
寄语青瓶分挚友
遥思黛霭映嘉氛
端来一盏无穷喜
风过虹桥雨过尘

2022.1.18

◎ 六堡熟普双黑茶

海棠春 长留

今春误入山花久
荫浓处
枯柯白首
仿佛梦经偷
只是花相守

自来身意难从走
人千里
心知去否
暗倚小轩窗
问与门前柳

2019.11.5

浣溪沙 茗想

为我清风遍八荒
金乌正爱浴金汤
如烟往事独徜徉

一点心思藏暗夜
双颊锦绣入晨光
长含日月作花香

2020.1.19

十四行诗 茶烟

雪夜中月亮是最温暖的
尤其当我看不到她
当年你在路边哼唱的歌
夜深人静时在我耳边迸发

那一低头的沉默
我会假装没有注意
就像冰面上日光忽而闪烁
就像冷风里茶汤升起雾气

我认真做着每一个梦
哪怕清晨即将来临
我穿破三千世界的缄封
去偶遇你最美的那颗心

能不能稍留春天的脚步
我还盛放在那人不知处

2020.11.18 南宁

贵州

六

梵净山

- 五律　登梵净山
- 十四行诗　梵金黄茶
- 十四行诗　闷黄工艺
- 五绝　题梵金茶园
- 十四行诗　山有木兮
- 渔歌子　惊蛰
- 七绝　拈花
- 五绝　题万山朱砂矿址
- 八月闰　剪月
- 七律　贵州青笋茶
- 捣练子　黔绿珠
- 十四行诗　小寒
- 十四行诗　辟谷

大娄山

- 浣溪沙　宽阔水茶场
- 七绝　重阳品肾经黄茶
- 七绝　隔离家中每日煮黄茶小记
- 乌夜啼　秋行
- 七律　赴正安茶园
- 十四行诗　密集恐惧
- 采桑子　夜雨寄北
- 仙吕·……平儿　相逢

关索岭

- 五绝　题红崖天书

贵州·梵净山

〔五律〕 登梵净山

月香秋色晚
心慧入梵山
石定经书老
峰高世界宽
罅吹鸣白羽
枝动醒金猿
行读安能卒
春来看杜鹃

2017.9.28 江口

贵州梵净山是中国生态环境最好的保护区。当地的物种资源极其丰富,但都受到严格保护,大多无法为当地民众所用。当地经济发展只能另辟他径,好像有景色和茶叶是可以开发的资源。通过对口帮扶,上海金博集团全力投入梵净山茶叶开发,制成了各种类型的特色茶叶。袁国良董事长把他们的各种产品都提供给我品鉴,美甚。

◎ 贵州梵净山梵金茶园

十四行诗 梵金黄茶

神奇的力量就在你的心尖上
当春雷响起　种子无法抑制要冲破种皮
哪怕要耗尽前生的力量
为了解开心结而费尽心机

有多少人被束缚在种皮里
无数放纵的诱惑让你失去萌发的能力
眼耳口鼻心怎么可以关闭
觉醒吧　为了那个人而热血涌起

这一盏金黄的液体可以映透多少个世界
我们还有什么理由在人间绑架自己
伸出火热的小指　承诺再也不会寂灭
从心开始的路线可以穿破天际

淋漓的热汗是积攒千年的春雨
我们眼底每一抹朝霞都是最美的诗句

2017.9.10

十四行诗 闷黄工艺

这就是规则　并不如你所想
鱼儿下沉　大雁却已高飞
那一片叶子尽力地洋溢着芬芳
还是我一次次为你回归

任你如何表现都将被摊晾
在最柔软时杀灭最后一丝活力
然后生活尽情揉捻你的脊梁
直到你把所有妄念都忘记

于是我们被世界紧紧地压在一起
以相濡以沫的方式制造热量
美好心情的酝酿利用了有限的氧气
以及过分躁动的青春印象

从未想见的经历后　从未想见的浓香
这就是我给你心间带来的金色流光

2018.4.14 江口梵净山

◎ 梵净山梵金茶园采茶

武陵山区是做黄茶最合适的地区。因为黄茶的关键反应步骤"闷黄"是黄酮醇脱氢反应,需要负氧离子的参与。武陵山区有着得天独厚的地理条件:一则武陵山脉是中国地势第二阶梯和第三阶梯的边界,东南方向来的暖湿气流在攀升过程中生成负氧离子;二则武陵山脉连着长江,不断得到长江及其支流的大量水汽供给。这使得武陵山区负氧离子密集,主峰梵净山区域的负氧离子浓度甚至达到了大约每立方厘米30万个,是全国最高值。我们借着浦东干部学院对口扶贫江口县的机会,在梵净山建立了黄茶研发基地,努力研制出了黄酮醇完全脱氢的"全黄茶",就是唐诗中描述的"还是诗心苦,堪消蜡面香。碾声通一室,烹色带残阳"的通心活血的心经黄茶。

五绝 题梵金茶园

三年几度春
风雨未归人
语尽心犹在
云香入竹门

2019.4.22 江口

◎ 梵净山黄茶生产

十四行诗 山有木兮

是你的枕头吗　还留着那时的鼾声
一夜秋雨化成了洪流歌唱着
你的诗句找不到一个字能清醒
泼一碗黄茶　消解人间烟火盛唐国色

绵绵的梵音悬挂在每一片叶尖上
你想知道植物有没有意志
初七的月光穿过牛宿时可以照亮
我都听你的　直到开花结果其人已痴

有的星球只有一棵树却疯狂地生长
任你砍斫我都要投影到她的院墙
何况还有秋天的气味弥散成奇香
就是这一句浸润了三千年的时光

穿过廊桥你会看到一片森林
每根枝条都在重复我留下的口信

2017.9.28 江口

 渔歌子·惊蛰

雨细云低匿草阴

惊雷一句破春心

花欲放

燕将临

此时窗纸有声音

2017.3.5

 七绝·拈花

陌上风光折一枝

无边春色入心池

繁花纵是迷人眼

手未拈花我不知

2017.6.14

【五绝】题万山朱砂矿址

丹气生朱壑
金龙结紫渊
为寻无定水
遗梦在深山

2017.9.26 万山

【五绝】鱼粮溪

叠石溪留月
经山草揽风
无人秋夜静
鱼乐上青松

2017.9.27 江口

 **人月圆·剪月**

年年秋月谁人画

光色未相匀

欢颜明处

伤心暗里

好不销魂

我将秋月

屏思细剪

琢去斑痕

莫嫌秋月一时缺

爱今宵光纯

2017.10.4

七律 贵州青笋茶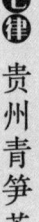

折得桃枝次第开

烟花水月梦萦怀

江山有意香为骨

热血无凭叶作牌

一道春风传律令

三冬夜雪待今侪

朝朝暮暮思难尽

只是君心不可猜

2020.3.3

贵州的特色茶树种黔湄601,可以做成红茶、黄茶、绿茶,而做成绿茶的实验让我们了解到绿茶茶气归经的规律。明前早采的初芽,饱满圆润,状如青笋,茶气入手太阳小肠经。而谷雨采摘的一芽一叶,无论做成珠茶还是扁茶,都是入足太阳膀胱经的。同种茶,不同时间采摘做成绿茶,茶气归经不同,证明绿茶归经只与采摘前的气温有关。不同的气温使得绿茶在生长过程中形成不同的酚类,这应该是归经差异的物质基础。

捣练子·黔绿珠

溪底月

峒边风

误入桃源梦境中

忽醒霤绵香若雨

落花春水一重重

2017.6.13

    绿茶品类最多,为茶中受众最广者。然则绿茶以何为佳者,众说纷纭,莫衷一是。茶之善者,其气当纯正刚猛。一斤青料至多可成一斤之气,若采摘无时,技艺有失,则耗损其气而弱。气至之时采摘,迅速封干于茶中,则曰气猛。不使霉腐,不染杂气,则曰气正。成气单一,专入一经络,则曰气纯。若气不纯,则饮之经脉乱而身伤。故茶以气之纯度分四等,一等气入单经,二等气游同脉之手足二经,三等气混两脉,四等阴阳不分。小肠经之碧螺春、大肠经之矮脚乌龙、三焦经之正山小种、肺经之白毫银针、脾经之寿眉、心包经之古韵陈香,皆属一等。绿茶生寒地,采芽尖者,气至清而升入手太阳小肠经,此苏皖豫鲁之茶常有。生于暖地,叶老气沉,方可入足太阳膀胱经。然

◎ 贵州梵净山黔绿珠（英文名Donkey Pearl）

则叶既老，气多已失，难成好茶。故气沉之绿茶难觅。黔东梵净山，中国上佳自然保护区也，山高云深，雾浓日昃，茶树生长缓慢，二叶出而气未散，方得下沉之太阳气。为封其气，茶工揉炒成珠，故茶色墨绿，谓之绿宝石，此黔绿也。有奇香若豆，回甘似桃，饮后生落花重重、春水绵绵之感。碧螺、龙井、猴魁、黔绿，绿茶佳者我今知此四也。

十四行诗 小寒

当我迷惘的时候总有人来请教
当我贫乏的时候总有人来分享
可能生活看上去总是太过美好
如果可以说美好得像假的一样

脆弱的血肉外包着坚韧的皮肤
脆弱的血肉里包着坚韧的内心
而小寒的雨水像春风吹入屠苏
却毫不迟疑地划开了你的周身

渐渐地皮肤开始在寒风中飘落
我赖以表演来博取欢心的戏装
好像越受欢迎的人越容易难过
哪会有人爱他脱去戏装的模样

在这小小寒冷里喜鹊开始筑巢
用各种坚硬包裹最柔软的羽毛

2018.1.5

十四行诗 辟谷

如果梦再轻一点我会忘记醒来
多长多短都与现实不相关
可惜开过的花不会再开
可惜现实在虚幻中也无法隐瞒

有时候要狠心抛弃很多东西
他们总假装是你的必须
然后拖着你沉到地底
我已经看穿调味品掩饰的语句

在你体内的那些菌群
让你产生各种欲望的错觉
是时候给它们一些教训
从里到外清洁你的鲜血

我为了追求欲望而放弃欲望
就像那时在悲伤中脱离悲伤

2018.1.7

中国传统的养生方法中有辟谷这一项。现代科学研究揭示,辟谷可以让机体排除大量代谢垃圾,激发免疫系统的特殊通道,以及活跃细胞内的自我清理机制。当然,辟谷需要非常严格的流程,不能随意操作,不然会适得其反。辟谷之前先要清肠,辟谷以后需要淡食。通过辟谷,人体会更加通透敏感,对茶气进入身体的反应也更清晰。

贵州·大娄山

浣溪沙 宽阔水茶场

夜宿青山久未宁　　寄笺红茶方有胆
三更细雨五更星　　涂张墨叶强遮睛
无眠好赖是虫鸣　　暗香浮过草间庭

2020.4.15 绥阳

　　遵义绥阳的宽阔水保护区可能是黔北最原始的保护区了，大量国家重点保护动植物生于其中。可贵的是山中还有大量贵州本土原生的大叶种古茶树，是重要的茶树种质资源。大连军人孙苗苗，非但酷爱武装，亦酷爱茶香，带团队常年在保护区内做茶。常人做茶，必选季节，或春或秋，芽嫩叶纤才采摘制作。而苗苗每逢节气，都从古树上选嫩芽做红茶。红茶制作需要氨基酸脱氢酶的充分反应，生成红茶的关键成分——丰富多样的胺类。制作的关键是：(1)揉捻透，让细胞全部破裂，细胞浆全部出来。(2)渥堆足，让氨基酸脱氢酶完全发挥作用，生成尽可能多的胺类。(3)杀青(过红锅)快，迅速终止酶反应，保留住各种胺类。要避免揉捻不透、渥堆时生成大量醛类，由此产生有毒而有刺激性的浓香。杀青过头,产生致癌物丙烯酰胺;杀青慢,例如日晒,其他酶被激活,产生大量不可控的腐臭产物。苗苗特别严格地把控红茶制作的每一道工序,把胺类的反应做到了极致。因为不同节气,茶树处于不同生长周期,其中会有不同的含氮有机物,需要调整工艺才能做出极致的红茶。而每个节气的红茶,口味居然会相差巨大。谷雨的红茶自然是最多的,正山小种有桂圆香,坦洋工夫有可可香,古树葡红有葡萄香,苗苗的贵州古树红茶,则是特别浓厚的紫苏香。这是贵州大叶茶树的独特基因所致。这一品系从云贵高原东南沿着

◎ 贵州遵义绥阳宽阔水茶园

南岭蔓延,东至赣州,南至苍梧、云浮,所以这两路的特级红茶偶有紫苏香,但是茶气无法与"苗红"相比。茶中胺类促进胆囊活力、导致胆汁分泌的功效尤为显著。紫苏胺(3-羟基丙嗪)利胆化脂,无怪乎吃了高胆固醇的大闸蟹要配上紫苏。苗红入喉,热气从体侧直贯而下,凝聚于胆囊及其对称的左侧一点,所以感觉腹中有两小火珠,特别神奇。苗红中最稀有的是大雪节气的红茶,这芳香似龙涎香,保证你一口难忘!

宽阔水保护区,山好,茶好,人好。在茶场一夜畅饮,月明,风清,茶香,虫巧,无数的自然造化把人溶解在里面。想起在原始森林中寻找野生茶树时,在山石上看到许多腕足动物的化石,看来被溶解进自然的不止是我。

七绝 重阳品肾经黄茶

骆马无声晓月磨

幽香暗夜渡兰河

金风未送天山半

玉雨如飞入旧蓑

2018.10.17

◎ 肾经黄茶正安金锭

七绝 隔离家中每日煮黄茶小记

细雨江风淡墨浮
春烟夜色入云楼
烹茶可解西山疠
热血能销万古愁

2020.2.11

乌夜啼 秋行

些寒遮了青衫
月蜿蜒
人在远山霜叶落珊珊

鱼已堕
雁已过
信终还
看遍深秋烟水碧涟涟

2018.11.11

七律 赴正安茶园

秋光总爱生悲意

我自沧然出箅门

一袭青衫风满袖

千山白露月盈人

天高有径雄关上

志远无由翠围垠

莫说胸中怀玉瑾

黄花碧水映云痕

2019.8.18 重庆

正安在大娄山中，六十年前数百名上海知青在此开辟茶园，种植上千亩小叶福鼎茶树。人早已归，而茶园丰茂。今又至采茶季，与宇安陪绿雪芽林有希先生前来考察，研制白茶，庶几成矣，名之曰"知青老白茶"。树种虽是自福建福鼎而来，基因未变，而生于风土不同之黔北，则滋味茶气多有差异，有青枣白茶之味，似当年知青之筚路蓝缕。茶有风格，可作一藏。

十四行诗 密集恐惧

当我咬开苹果看到芯里挤满蚂蚁
当它拨开草丛看到世界挤满人类
我们是为何如此惧怕异族的密集
以至于演变成了一种偏执的行为

如何区分一张撒满了芝麻的烧饼
和一只背满扭动的蝌蚪的负子蟾
我和你幸福地挤在一眼深邃枯井
是密集之后的离散才开始了灾难

其实多细胞的密集是生命的起源
就像变形虫集成黏菌来抱团取暖
我们谁不是海量密集的大分子团
就连人类文明也是一种密集方案

如果你的细胞里都密集着我的爱
这时候恐惧的原因会很容易明白

2018.4.12 贵阳

采桑子 夜雨寄北

凭窗听尽孤鸿唳
欲眠无休
欲寄无由
楚雨巴山夜愈稠

春风应藉洪波北
雁正心跨
人正心犹
一片寒云残月流

2020.2.12

仙吕·一半儿 相逢

千山万水叩荆门
又似当年花映人
听句儿娇嗔轻若闻
正销魂
一半儿宽心一半儿紧

2020.4.15

贵州·关索岭

(五绝) 题红崖天书

万年灵石老
斑驳费思量
蹙额成心字
谁人负玉郎

2022.1.23 关索岭

乌蒙山脉贵州境内关索岭黄果树瀑布南,隔山即坝陵河谷,山顶有崖壁南面,见数十字形,若篆若图,颇难解读。此古迹自明代即有载,嘉靖年间邵元善作《红崖诗》云:"红崖削立一千丈,刻画盘旋非一状。参差时作钟鼎形,腾掷或成走飞象。诸葛曾为此驻兵,至今铜鼓有遗声。即看壁上纷奇诡,图谱浑领尚且盟。"

自此文人多好猜解此红崖天书,或曰殷伐鬼方之诰,或曰武侯南征之约,或曰建文讨燕之檄,莫衷一是。今恰过黔南,顺道一访,得见红崖天书真迹三面,笔迹随石纹而成,虽有人工,本依天然,乃叹何用附会故事焉。黔中之石,多朱砂石英,风蚀水刻,遂成槽划,却亦是奇观。我于山腰俯拾一石,若有二字,颇喜而携归,人遗耶,天刻耶,真假何妨。

翌日于友人处饮石阡苔茶,其气全在魂门,不散上身诸穴。二杯而自腰下冲,勾勒清晰如笔画,腰股间若有天书。贵州之茶,奇哉若黔石也。

◎ 贵州六盘水乌蒙山茶园

七

云南

无量山
- 五绝 易武渥堆生普
- 五绝 无量山金花普洱
- 五绝 困鹿山重揉金瓜贡普
- 五绝 二〇〇四年台联制辛味普洱
- 醉花阴 金芽滇红
- 卜算子 雪梨银针
- 青玉案 十二茶山忆行

点苍山
- 菩萨蛮 古树普洱青
- 五绝 春夜对饮
- 七绝 山花

景迈山
- 桃源忆故人 古韵陈香
- 十四行诗 芒景叶果

老中山
- 七律 德昂族酸茶

博南山

- 十四行诗 谷雨之三
- 五律 题博南山永国寺
- 十四行诗 博南古道
- 五律 永平县春明饭店
- 卜算子 出行
- 如梦令 经年博南红
- 卜算子 高原小种云茶红
- 十四行诗 量子纠缠
- 长相思 夜望滇池
- 五绝 题月季狸奴
- 一剪梅 博南梅香普洱
- 杜枝香 滇西摩锅茶

丙马力山

- 西江月 葡红古树茶
- 菩萨蛮 曼嘿寨夜捻葡红茶
- 七绝 春野品红茶

云南·无量山

（五绝）易武渥堆生普

茶烟遮蜀犬
水色映吴牛
待试阴阳反
醇香已上头

2022.3.11

　　普洱无疑为云南名茶之首。爱茶人必知普洱有生茶与熟茶之分。生熟何以化之，今由实验而知以捣茶之冷热而分。然则茶艺界有云，乃渥堆之别也。何以误也？普洱茶之造，粗观之，先有采、晾、炒、捣，之后生茶与熟茶工艺则大不同，生茶多晒干收汁，熟茶则大堆发酵，故生茶青涩而熟茶红醇。以此，人多以为生熟因渥堆而分，其果然耶？未必耳。考此说，乃自艺人出，而非匠人出，固非经实践，未察细微。然艺人多思而不造，匠人多造而不思，而失其缘由。此所以世人多以渥堆之红醇糯香定熟普，更有以为生普年久红糯而化为熟者。

　　茶之香之色，表观也，同色亦或不同因，以此辨之，雾里观花也。本质区别，必为其中化学成分，以及饮后生理反应。普洱类属黑茶,与六堡、茯砖为列。黑茶之别于他茶,乃其造以配糖反应为主,以芳香酸与小糖相配而成苷类分子。成品厚积以苷,故气能入厥阴,或入肝经而疏肝明目若生普,或入心包经而安神助眠若熟普,故生熟之别,其本在归经之异。酸基与糖基,其类皆众,孰能分两经？吾以为非糖也,此馇粥富糖而未尝有归经者。故分经而别生熟,原在酸基。糖基之别,在渥堆降解之时,故而渥堆之后糯香浓郁,如米粥之久沸。酸基之别,在捣茶氧化之时。普洱杀青之后捣茶,使叶中细胞皆破,浆汁遇氧,酚醇氧化而成芳香酸。其时温度不同,则酸分子有异。熟普杀青之后趁热捣茶,生普杀青后摊晾至翌日捣茶,故生熟之茶,酸分子皆异矣。生茶之酸出参芪之香,而熟茶之酸起橘枳之香。其后或渥堆以使大分子糖化小以配糖,或日久使大糖渐断以配糖,皆不改其酸基之别。所以,渥堆未必可变生为熟。

度以理,而后须试以物。渥堆安能分生熟,须以交叉实验试之。寻常生普冷捣而晒干,熟普热捣而渥堆,但令热捣而晒干,或冷捣而渥堆,则若何？吾使淋杰在版纳多试之,得各色茶种。前者试热捣晒干,尝之略苦凉,其味似六堡新茶之若枳,而其气入心包而上印堂,全不似生茶。今又以易武之绝好古树新料,冷捣而后渥堆,又试第四相。观其干茶,色红而有干浆,与寻常熟茶无异。嗅其味,糯香幽然,亦恍若熟茶。出汤红厚,汤面白波荡漾。饮之,须臾肝胁热起,双目温润,乃归肝经无疑矣。再品其味,糯香之下而有参香,其糖基类熟而酸基类生。其非生茶而何也？

至此,生熟之辨可决矣。非渥堆有无之故,乃捣茶冷热之别也。非糖基色香之异,乃酸基气韵之分。再次,渥堆无以化生为熟,陈年亦不可变生成熟。生普之参香,其未可改也,此苷类之恒也。

又,有言生普新茶为晒青绿茶者,此谬也。生普杀青之法为炒制,其后日晒为收水配糖也,非晒青也。再者,绿茶以酚而定,生普捣茶之后则酚化为酸,若无配糖则属青茶,若配糖则属黑茶,干绿茶何?青茶久而配糖化黑茶,此老岩茶所以宝者。生普陈而愈佳,配糖日增也。孰闻绿茶日久能化为黑茶者?故生普新茶,多见半青半黑者,断非绿茶也,此苷积之故也。

又问汤面白波其何?此微气泡也。黑茶苷分子融入水中,使水面张力减小,故气泡易生。汤热而水液气化,苷浓而密生微泡,于汤面积白波氤氲,其妙哉。待汤略凉,则化烟而去。此黑茶佳者应有之物,言其多苷也。

噫兮!吾品一茶而究其理,证其理而试其工,非欲流于形也,而欲得其本也。流形,则以空相欺心,岂非吴牛喘月?得本,则理通而物善,知行合一,其足矣。

◎ 渥堆生普干茶(左)和翻卷茶烟的茶汤(右)

◎ 云南镇沅县古茶树上彝族著名茶人李星瑶在采茶

五绝 无量山金花普洱

小雨润青眉
金花缀葛衣
莫夸无量寿
此脉有岚奇

2022.7.28 南涧

　　茯砖黑茶上者密生冠突散囊菌,未知何年何人得知其为珍品,遂以传世,今人呼之金花。金花以真菌之力高效降解多糖,以供黑茶配糖成苷,此黑茶得金花为佳之其一也。今人多不知其理,徒羡其表,有妄造金花白茶,甚至金花红茶者。真菌化糖为黑茶苷之原料,入白茶则阻白茶酯之聚,入红茶则碎红茶胺之醇,其茶实已毁矣。然则普洱茶属黑茶之类,其质亦苷,可种金花也欤?曾有友寄我多款金花普洱,惜未遇佳者,多仓腐味异。幸今日方逢奇种。

　　昨日恰茶道经大理馆开张,其于南涧县无量山镇之新政村设基地,开发古树茶源,乃邀宾客俱往。苍山南延即无量山脉,蜿蜒纛集,至普洱,接版纳,故南诏腹地也,其茶园所辟固久。

119

无量山至南涧之南，山势高绝，连绵不断，故其乡镇以山名。晨辞下关，入村已是午后，品老火腿，就新苞谷，即往寻茶。出村，密雨忽落，众兴不减，乃执伞入田间。村主任指前苞谷地曰，昔时皆茶园也，农人以生计故，伐古树而种粮，今唯田间坡埂有古树行立。其在前撩开苞谷导路探向。雨稠密，谷甜香，人清爽，自绿幕中出，忽见茶树数株，亭亭畦边，依古墓而生。众顿喜，疾驱前，抚枝嗅叶，皆清香无比。茶树为大灌木，基有颈粗，有腰宽，多数百年之龄。其叶或有鸡卵之细，或有手掌之长，变异繁多。忖之，树龄虽未能称极，然种茶之史或久，故基因多样性积高。其树清佳，未知其茶味如何，雨稍霁，乃返村赏茗。

莫欺乡人远尘市，于茶事颇苟于守正。品其生普，香幽而气正。尝其红茶，更讶于其异香。初嗅如巧克力，疑为小种红茶，若坦洋工夫之香。待入口，又添清凉之味，如薄荷之香。而茶气自瞳子髎直下，入胆至足，凉中生温。忆起薄荷品种繁多，餐馆常用留兰香，而另有一品广受喜爱，名曰巧克力薄荷，茶味恰如此草。无量山红茶与坦洋工夫，香略似而小异，其实质大异，故坦洋工夫入三焦而无量工夫入胆经。数日后于芒市又品赤心红茶，与无量工夫性味无二。

村主任闻此言颇喜，于内室取出一茶砖，言其陕西泾阳之战友，运新政村之毛茶至陕发金花为茯砖，名之大唐茯茶。吾暗忖，普洱金花何曾足饮？此可乎？观其金花簇生颇有成。待烹，蜜香渐起。入口，罡气直升，颅上目窗穴顿热。数口之后，头临泣、阳白陆续热起，茶气自瞳上至目窗不断涌起，头顶如赤霞蒸腾。如此体感，满座皆惊。吾尝黑茶无数，自新茶至百年陈酿，从藏茶到闽南黑铁，何奇未见？却皆自足至肝，或不过胸，或可逾目，或左右不均，素以为黑茶之气尽知矣，今却于无量山中逢此茶，气只在目上，真未尝见也。黑茶在厥阴为正，而游气驻穴之奇，何敢言尽知也。游于目，开于窗，应于养目有殊效。果然此后数日，目润睛明，于镜中常见泛光。

金花菌，真乃天之馈赠也，用之善则珍奇世出，用之恶则贻害世人。善用之道，实于《神农本草经》中已备言，阴阳配合，同气者良，为药理之本也。金花合于厥阴黑茶，用之太阴、少阳必恶，其如陈皮白茶、菊花普洱，毒矣。而今之无量金花，其善乃顺于道而精于技也。

◎ 云南大理南涧无量山茶园

五绝 困鹿山重揉金瓜贡普

玉书修职贡
金瓠入皇舆
辗转千千遍
叮咛万万殊

2022.11.27

普洱生茶,好之者盛矣,而其茶善者鲜矣,多叶公耳。此言必犯众怒,且我固缩。生茶多含表没食子儿茶素没食子酸酯(EGCG),查诸论文,皆言其功效众多,神丹妙药也。然则实验者多知其安全阈值颇低,稍不慎即毒杀小鼠,而人更不能耐。故人多饮生茶之新者,即有腹痛如绞。近年因有人号召饮茶防病毒,有过饮生茶而亡者,弃万贯家财上市公司而轻逝,令人太息扼腕。儿茶素乃万草之精,其炁甚烈,非可儿戏。化之善则养人之金丹,用之恶则杀人之鸩毒。此故,六茶酿造工艺,经千百年锤炼,千万人尝试,岂可擅改。而生茶之造,古者自元至清之官供,至民国而多废。近者公社之复产,其艺多草草而未为可也。此吾三年不言生茶者也。近日言之,每叹版纳勐乌之不我有,而失生茶之极品,仅余中老边境之七棵树。普洱树种变异甚蕃,自无量山、哀牢山两线南传,吾素以为至易武而臻矣,再至勐乌则无可复加。勐乌之茶无不成者,无论工艺,新茶即参香扑鼻,饮之无碍,此EGCG尽配糖化矣。其种必有独特之基因变异,而有特殊之生化效应,或许鲜叶之中此物既已转化,此待研究。

然则诸山之普洱岂可废,元帐清宫之香茗,不以种著,而以工名。工艺之周全,方为制茶之关钥。清宫命普洱府困鹿山贡茶,历朝以为例。困鹿山之金瓜茶团因而扬名。至民国虽停贡,乡民不知而不敢停产,其技固严。今者宁洱县李兴昌、李明哲父子继承金瓜普洱茶工艺,守正创新,其茶称绝。普洱茶叶之中芳香分子须充分配糖,则必重揉。古者揉捻以人工,重揉则艰辛无比。今人多好手工,又鲜耐辛劳,则轻捻微化,其物难成。而知其理,控其技,则机械未必不如手工,甚至远胜手工。李氏父子以揉捻机制生普,调节力气,轻重相宜,耗时殊长,故配糖反应充分,成茶柔和醇厚,毫无"青气"。便是新茶,饮之亦毫无生硬,入口滑润,肝腹温和,久之满口生香,此生普之中罕见也。故品种虽好,工艺更为关键。

然困鹿山之茶种,亦是佳品可观。贡茶园中数百年积累之古树漫山遍野,枝繁叶茂,接天蔽日。有清一代,园守广觅佳种,集滇南各地茶种于此园。至今园内古树形态各异,叶形大小宽窄各各不同。而出此园则滇南茶树差别甚微。故困鹿山之茶味丰富,其自有因。

树古,技笃,山清,人杰,此困鹿之茶所以出于众也。神鹿困于山,而奇茶行天下,可期也!

五绝 二〇〇四年台联制辛味普洱

日久缁衣老
言开语气辛
无心提故旧
不意动情真

2017.1.22

　　江南第一茶楼藏有2004年昆明台联产普洱茶砖。普洱类属黑茶,气归厥阴,当高搁存放,以适应其菌种长期发酵。此砖于房梁之上搁置十三年,其色酥黑,其性已大成。虹姐分我一饼以鉴定。昨夜试尝,于红泥壶中略洗之后即出汤啜饮,竟如烈酒入喉,辛辣之味直贯灵枢,通达本神,意外之间不禁泪下。平生品茶无数,从未见茶如酒者。急问虹姐,乃知此茶采摘之时恰逢连日阴雨,故以老山松枝炙烤,待晴日方曝晒压饼。松香火气,遂封藏其中,经长年发酵,竟成辛香!此厥阴香气贯通心包,令人心意畅开,真情尽吐。故友相逢,何复需酒也?噫!世有奇缘,方成奇迹!此茶之奇缘,成此气之奇迹。我逢此奇迹,亦是奇缘也!

醉花阴　金芽滇红

秋月春风茶马渡　　珠钗从此抛荒树
烂漫山花语　　　　眼底千年露
嫁使迹无寻　　　　霜雪落须眉
唯有青冈　　　　　望断天涯
金粉香如故　　　　更似情浓处

2017.2.4

　　金芽滇红生滇南，可谓红茶中之奇珍。红茶因渥堆发酵，成茶多黑红色，唯金芽滇红其色金黄，金钗玉坠，形态喜人。因其用料为特种大叶之嫩芽，须毫粗厚，如被金粉。普通红茶发酵部分在叶肉，而金芽发酵半在其须，须毫反光干涉而使红茶胺之色呈金，犹以秋毫积厚而金色最深。是故此品红茶，气在须毫，冲泡之时稍纵即逝，非黑陶壶不可留。金芽虽色不若别种红茶之深，然出汤色浓味厚，其少阳气郁，盘桓于上焦，利于海马。上焦如雾，攸思冥冥。通感近于黑巧克力，香而微苦，回味深远。饮之令人生绵绵之情，无处安放之心意。遂思及唐之安华公主许嫁南诏帝未果事。虚想南帝候嫁，深情空付，金钗抛树，乃有金芽乎？金芽味深，如黄粱一梦也。奈何梦不忍醒。

© 金芽滇红

卜算子 雪梨银针

莫道畏寒霜　　幽谷夜深长
秋是黄花季　　独饮冰凉气
前岁银光去岁香　一片花笺染雪汤
缺月年年意　　何处相思寄

2018.10.23 郑州

　　霜降乃秋季最末一节气，秋冬所交之长夏也。秋之金风萧杀之至矣，而冬之寒水冰凌亦起。金风夹寒水成霜，故有霜降，成太阴之象。金风入肺，带寒气则易伤肺经。若伤，则至冬咳嗽多发，鼻涕因下。故多有霜降食柿以防鼻涕之俗。养肺之佳品非白毫银针莫属。银针白茶多寒凉，宜大暑饮。而景谷之雪梨银针，其气温柔，宜霜降饮，包装上有"让我如何不想她"，一何奇也！

　　滇南胡先生，奇人也，于景谷无量山制茶，多有奇品。每有佳作，虹姐必寄之于我。聚友共品，皆赞叹不已。

　　前年得银针白茶，未知其源，觉与常见之太姥山白毫银针略异，毫肉俱白，其貌甚美。春时试品，唯觉清甜淡雅，有幽幽欣喜之意。遂装罐置窗台日晒,日日相见,心思渐浓。

至秋,一日友至,指银针曰,欲品此茶。启罐,顿时梨香四溢,满室皆芳。太姥之银针,香中带甜腻,似梨膏糖。而此银针,气甚清润,如雪梨新汁。以银壶炖煮,数分钟后,芳香转醇。出汤,其色赭红,透亮。分而饮之,真如炖梨之味,心肺立开,其气自胸过肩穿臂,大鱼际如摩暖炉。真太阴肺经气也!少顷,肺经带动心经、心包经皆振,心思辗转,柔情万千。饮者皆曰,制此茶者,有故事也!急致电虹姐,言此银针乃景谷胡先生之作,名曰"让我如何不想她"。咦嘻。

梨香者,梨酯之气也。盖白茶氧化为酸,日晒炖煮与碱中和为白茶酯。银针之白茶酯近梨酯,故有梨香。而各地茶树品种不同,生长有异,成酯多样。白茶易制,而好白茶难制,唯太姥、景谷有极品。白茶气属太阴,男为阳,女为阴,太姥即太阴之意也。景谷亦太阴也,景者大也,峰高为阳,谷深为阴。故此二地出太阴茶,岂泛泛耶?

◎ 云南景谷雪梨银针

青玉案 十二茶山忆行

行经十二山头雨

暮春里　丁香许

暗结晰光眉上露

也曾风寒

忽作日暖

花满峰回路

青溪流尽叮咛语

折取烟云紫金缕

谁绣逍遥黄鹤羽

且疏弦乐

淡描高宇

只在茶间舞

2020.5.11

云南·点苍山

菩萨蛮 古树普洱青

点苍山上清明雨
丝丝缕缕蓑衣絮
东谷有新茶
揉成乌紫珠

赠君三盏少
再饮金镶瑙
难得此中香
镶边春夜长

2017.2.22

点苍山为云岭之南屏,无量山之北嶂。故山有云岭雪,亦有无量茶。大理城以"风花雪月"著称,以苍山之雪为恒景。古者蜀人入滇过云岭而来,始有采茶驯化。点苍山之山茶花品种奇胜,天下莫能媲美,故称上关之花。而其山茗茶之种亦繁多,过点苍入无量则唯好普洱矣。此所以今点苍山茶丰富而独奇。有奇人哈哥,老顽童也!嗜爱普洱,自数十年前于云南做知青时,始种善缘,而今愈发不可收拾,以普洱为玩具矣。吾未见有求知欲、好奇心强如哈哥之长者。试将乌龙、祁门诸般制茶工艺用诸普洱,使普洱于黑茶之外,为青、为红、为各色茶类。每成,兴至而赠饮于我,此数年矣。上月,哈哥又有新作,携来一桶古树普洱青,为数百年古茶树之种。开包浓香扑鼻,非寻常

青茶之类,有若老檀新炙。烹之出汤迅速,其味醇厚如醴,其色浓郁如墨。初饮之略苦,待片刻,回甘若蜜,满口盈盈,半日不歇。青茶有阳明气,入胃经、大肠经,而回甘如蜜。此青茶阳明气盛若此,可谓之搜肠刮肚!哈哥得意,自言为成此茶,宿于滇南茶山上,夜半观茶,控其发酵之机,又出奇招,翻炒添香,天下未能有青茶可香过此茶者!呜呼!老顽童之乐此道,可至于此,茶之幸也!普洱成新种奇品,且为联合国专用于宴会,推之四海,亦哈哥之幸也!古人云:不以物喜,不以己悲。窃以为若此何益于世?喜物悲人,而后物善人欢,天下乐进,此人间之道也,吾谓之爱。

◎ 云南古树普洱茶

春夜对饮 〔五绝〕

早杏山村酒
青梅普洱茶
一杯谁已醉
戳乱案头花

2020.3.19

 山花 〔七绝〕

踏遍苍山雪上寻
无边月色渐飞阴
山花何必秋光洁
一片清风一片心

2017.7.28 大理

云南·景迈山

桃源忆故人　古韵陈香

人栖云岭云栖树
若是神农行处
一叶琳琅谁取
化作通心露

犹思昨夜曾欢聚
酣畅余香未去
此味应随归路
好把相思附

2017.2.18

　　普洱茶当是黑茶中最具盛名者。人多不知普洱二字何意，以洱为茶汤。其实洱音尼，滇西民家谓人之意也。普者濮也，普洱即濮人。自滇黔间至泰缅南，凡操孟-高棉语者皆濮人。濮人种茶饮茶久矣，或为茶之源。今之濮人皆不好酒而嗜茶，此风无盛过之者。滇南布朗亦濮人也，于澜沧种茶，有景迈山古茶园，树多宋元间遗种。二十年前曾访此园，山高云深，古树尽挂松萝地衣，若缀琳琅，记忆犹新。因多古树，此园出茶皆称古韵普洱。盖普洱须长年慢发酵，古树叶质厚硬，发酵速度匀缓，而可得黑茶正味。故古韵为普洱中珍品也。普洱杀青后冷制为生茶，若热制则为熟茶，熟茶皆渥堆发酵而滋味醇浓。虽二者皆须长年发酵，生茶不经年不可饮，而熟茶即可冲饮。普

◎ 景迈山普洱熟茶古韵陈香

洱既为黑茶,亦生厥阴气,入心包与肝经。熟普入心包,饮之通感若陈皮之香。若无此香,则发酵未成。然则我饮普洱茶种无数,未尝遇陈香味如景迈山古树熟普之盛者。无怪乎此茶名曰古韵陈香。此茶之气,直透心包,使人生欢愉之情。戌时心包经当令,最宜饮此茶。饮者心包经末梢之掌心劳宫有热感甚至汗出。每有晚间朋友相聚,我多奉此茶,可使满座身心酣畅,相谈甚欢。陈香之味萦怀,相知之情难忘。故殊胜之茶,亦有殊胜之缘。濮人种茶年久,而留此古园,方成此奇茶。此茶成之需奇艺,诸友共饮之更成奇缘也!

◎ 景迈山茶祖庙

十四行诗 芒景叶果

姐姐在山上采摘月亮
山神放出唐朝的雾来遮挡阳光
我怕幸福生活晒黑你的脸棠
还有那棵古树偷走你的梦想

你可知道　春天最后一夜帕艾冷走过
树上就挂满了金银和牛羊
每一个巴朗都记得七公主的传说
指尖是我们的故乡　在北方　也在东方

姐姐啊　你魔性的歌词洗了我的脑
从树上到地上　叶子散发出第五种香
心里开出景迈花　掌中萌出景迈草
我已化成一枚果　挂在山顶的枝头上

三千年前濮人带着果子离开家乡
这果子啊　喝着叫普洱　听着叫布朗

2018.5.20 澜沧景迈山

二十年前来过澜沧,看过那些挂满地衣和兰花的古茶树,那种在密林中穿行去接近古树的感觉特别神奇。澜沧景迈山的芒景大寨,是布朗族的村子。布朗族是云南三个南亚语系的民族之一,在各个族群中迁入云南的历史最久,种茶的历史也最久。布朗族传说,几千年前,他们的祖先帕艾冷带领着族人从北方跨越千山万水来到了这里。他临终的时候告诉族人,留下金银你们迟早要用完,留下牛羊你们迟早要吃完,留下一片茶树才是你们取之不尽的宝藏。这不知道是什么年代的历史,可能是周代、汉代、唐代。从南亚语系南迁的历史来看,他们大致是西周开始从四川进入云南的。在沿着澜沧江河谷一路南迁的过程中,把茶树的种植也扩展到了澜沧江下游,应该至少汉代就已经到达了滇南。到了唐代,傣族已经从广西南部、老挝北部大批迁居云南。布朗族最终与傣族达成新的民族生态平衡,并留下了迎娶傣族七公主的传说。在这样悠久的茶业历史沉淀下,布朗族的茶叶品质达到了很高的程度。特别是普洱的捣制,热捣成熟茶,冷捣成生茶,无论生熟在景迈山做得都特别好。黑茶类的捣茶是关键,要极大的力量才能让苷类充分合成。茶马司的胡总钟爱布朗族茶人的领队叶果做的茶,每被问起原因,总是说:"噢哟!看叶果,那个力气好大咯!"

◎ 景迈山普洱茶王树

云南·老中山

七律 德昂族酸茶

西陲托寄酸茶至
切道其汤意味深
徼外奇珍疏禹贡
杯中醴露继唐音
龙陵瘗入三三月
凤羽凝成九九金
欲饮青山擎若骨
温烟玉带上云鬓

2021.12.18 三亚

永昌徼外,自古多奇。昔者山高水远,虽有诸宝,中土之人传之则多讹。今有精准对口帮扶,青浦政府王维维挂职滇西德宏州,辛劳无度,身疲心竭。然彼于德昂族乡中得酸茶一味,日烹而饮之,诸痾竟愈。甚宝而奇之,寄诸我,欲究其由。展而视之,其茶紧压胶结,或锭或饼,与寻常普洱大异。其气酸如陈酪,如腌笋,故人多疑之,不敢试饮。细嗅,吾以为乳酸之外无恶气,只不知归为何类茶,诸谱不载,但或黑或黄,必为阴茶。即入壶煮之,三刻之后出汤,其气尤怪。缓缓入口,则乳酪之中有棠棣烂熟之味,绵绵乎竟有醉意。初,面颊即烫。须臾,腰间温热如带,暖气随脊入脑。赫然肾经黄茶也,其纯其真,绝不疑也!先者吾以为,梵金髻之前唐法全黄茶早已失传。今得德昂酸茶,方知天下之大,荆山之深,有遗珍未必尽知也。

德昂族居中缅边陲,与布朗阿佤同类,皆擅茶之濮人也。其世以酸茶传,不知其年矣,或为唐之黄茶孑遗,何其贵乎。幸经王维维识酸茶非遗传人芒市卢凤美,道酸茶之造,乃以官寨大白之初叶为料,杀青重揉,而后填入鲜竹筒蜡封,再埋茶地中九月方成。其酿日久而乳酸多生,故酸。吾既知其技,而叹大道之不虚也。黄茶之少阴者,地之阴也。先杀青而后造,其死而为阴。埋闷以地气化之,其地之阴也,岂不为少阴哉?而九月之功,则少阴气至臻矣,而黄茶之发酵全矣。国家级非遗德昂酸黄茶,可扬而济世也!

又一日,突发奇想。酸茶乃云贵西沿之肾经黄茶,金锭乃云贵东沿之肾经黄

◎ 德凤茶厂一角,以茶为瓦

◎ 芒市德昂族种酸茶(深埋闷黄)

茶,皆得亚热带季风攀升所成负氧离子之利而作黄茶,其气同而其物异,黄酮分子不一,故其归经同而驻穴略异。若合而为一,岂非更全肾经之开?遂各取二三并烹,饮之瞬间自涌泉至百会热流不绝,背脊各穴如持艾灸。复方之功,同气相求,双黄茶践之矣。《神农本草经》大义其妙哉!

◎ 芒市老中山官寨大白茶园

云南·博南山

十四行诗 谷雨之三

我想说没有两场雨是一样的
比如半个月前的那场愁死人
而今天这场已种下几个意思了
包括我又开始了一圈新的年轮

而且连方向可能都相反
杏花和心情一起落下
茶芽却与思念同时向上伸展
所以雨伞到底该往哪里打

难以置信古老的民族住在新的地层
过度的热情回报以苦涩的初心
我用耐心轻轻地浸泡着相逢
一丝清甜从明天传到如今

回望山峰却是天空的幽谷
雨下了很久而我们干渴如初

2018.4.20 永平博南山

大理州永平县位于澜沧江河谷的北段,境内有宝台山和博南山两个著名茶区,是原生普洱茶树的最北分布区,也是多个其他茶树品种的集中分布区,在云南境内属于茶树种质多样性最高的地区之一。永平的古茶树主干两人以上合抱的比比皆是,令人震撼。更可敬者,老茶人尹和春等在博南山高处种出了世界上海拔最高的茶园,最高处达到2700米。冬季大雪封山,茶园在积雪中成为一道独特的风景。澜沧江的暖湿气流、离天空最近的洁净空气、第四纪冰川的肥厚沉积、茶树基因的高度多样性、当地各族茶人的艰辛奋斗,以及复旦大学对口扶贫的技术支持,使得永平的茶业得到了天时地利人和,达到了新的高度。博南山出产的特级红茶,有着浓郁的连钱草香,入足少阳胆经,利胆化腻,不可多得。

◎ 离天空最近的茶园——云南永平博南山茶园

五律 题博南山永国寺

乱林湮古道
荒寺起云烟
宋树花开老
明皇字刻寒
忠臣廷杖血
玉冕野苔缘
更悔当年恨
同归作杜鹃

2018.4.21 永平

博南山中有汉武帝时所开博南古道，扼滇缅交通之要。今林莽湮覆，古迹幽深。中途有升庵祠遗址，为明嘉靖年间才子杨慎廷杖谪戍荒老之地。不远处山头有永国寺，山门匾额为永历皇帝所题，载明军残部于此小胜悍虏，帝喜而题行在荒寺以永历及李定国之名。奈何大势已去，终国灭而身死异邦。嗟乎，前者流忠臣之处，后者亡子孙之所，岂非报乎？叹大道无亲，报应不爽。今古寺荒残，唯留破殿两间。最喜寺中两株山茶，树干二尺余，高过殿檐丈许，花开满枝。另有宋元所遗古茶树五六棵，基盘可三人合抱，枝繁叶茂。守寺之山妇采茶相奉，奇香四溢。闲坐间，闻山中杜鹃啼血，似悲往事，不知为忠臣耶，为哀帝耶？

十四行诗 博南古道

在古道上我捡到一声马蹄
或许是石板路的记忆
还有一丝陈年茶香飘起
这些塞满了我的神经间隙

残垣断壁挡不住飞花落雾
荒野林莽遮不了虔心宏图
太阳顺着澜沧流向南方不知处
歌声却如滚滚长江而东渡

这一杯啊　满满都是故乡
我驮起它走向欣赏它的远方
当你听到水中有人在歌唱
那是我的灵魂在为你编织梦想

两千年时光填着瓷杯丝帕和茶汤
是我想给你所有光亮温暖和清香

2018.4.21 大理

博南山上的博南古道，是汉武帝时期修建的通往哀牢的货道，并一路延伸到骠国、滇越、身毒，也就是传说中的南方丝绸之路。至今在博南山还能够看到穿越丛林的石路、岩石上千年踩踏留下的马蹄坑印，它们记录着文明交流互鉴的悠久历史。中华的茶叶、丝绸、瓷器从这里往西，西方的各种物产也从这里东来。人类文明在和平中发展成美好的图景。

◎ 永平县永国寺古茶树

五律 永平县春明饭店

此间藏好店
且慢往天涯
水急风为镶
山高雪作柴
西陲香满路
行客醉开怀
对饮鸡豚酒
何妨在野斋

2017.7.30

320国道旁,小店好多年。老板有个性,高兴才做饭。原料特别好,口味交口赞。县里来贵客,都得路边站。县长要题字,他说匾不换,方便过路客,只是一小店。

卜算子 出行

人在梦思中
夜尽奔波里
此去何由柳恨生
心自长亭起

莫怨远山绵
莫道婵娟细
如是深情洗镜海
不许些些字

2019.4.19 昆明

◎ 博南山茶场开创者尹和春老先生与李辉在茶园中交流

如梦令 经年博南红

宛度几番残月
才见前年风物
听水忆苍山
已是世间清澈
心热
心热
一碗日香人惬

2019.4.20 永平

  博南山再办谷雨春茶节，应继强兄之邀重上茶园。是日，直播讲座之余，与友品历年博南红。物可比而知其然，此博南山胆经红茶，其品固高，然则今年之新茶略显气青味烈而色淡，二三年之茶气醇味绵而色浓。故知红茶虽为散气之阳茶，亦与绿青之阳茶有异。太阳绿茶春方出而气即始散，阳明青茶经秋而气始散，少阳红茶须两年之后方始散。红茶之新出，少阳气虽浓，纤毫阳明气难竭尽，故气青味烈。甚至有岭南某红茶，阳明气几半者，饮之胃腑翻腾欲吐。精制红茶待经年之后，阳明气尽，方可至纯至善。今于博南红，又证其道矣。直播讲解时，助理用黑陶壶出经年博南红，汤色红亮，葡香忽起，素未闻也。此气入胆，庶几极矣！

卜算子·高原小种云茶红

古道马蹄轻　　花自越山来
雪岭春烟冷　　水顺羌塘倾
谁引醇香渡博南　一缕思量月正明
醉在哀牢顶　　梦好何须醒

2022.7.31 永平

云南没有一个地方像永平这样，让我留下如此多足迹。廿多年前因民族调查走过，七八年前起因复旦大学对口帮扶，更是频频来此。其实常来的真正原因，未必全是学校的对口，而是发现了永平县里的一个个大宝库。

先是品尝到了"离天空最近的茶园"中出产的最纯净的红茶，浓浓的连钱草香，立竿见影的利胆效果，每用黑陶壶斟出，饮者无不赞叹。后又走过了博南古道，那始自汉武帝时期的南方丝绸之路的马蹄印、大明王朝的残阳、一树数万头的山茶花，都令人沉迷于历史的绚烂。去年又深入狮子窝探访古茶树，被极其丰富的茶树基因多样性和三人合抱的粗壮茶树干震撼。这是什么样的宝藏！居然就藏在苍山洱海的西侧。

这是我第八次到永平,文联张继强主席说:"不怕多,每次来都有好东西给你看。"从大平坦海拔近三千米的茶园品茗室出来,向山北渐行而下,转过数个山谷,进入云龙县宝丰乡境内,远远便可望见澜沧江蒸腾的水雾,原来这个仙境就是著名的大栗树茶厂所在。尹家数代人在此经营,茶园规模庞大。最令人惊喜的是其中的品种园,数百个品种的茶树从全国云集于此,肆意生长。有的在高原特殊环境下发育出了罕见的性状:人面大的叶子、满株奇异的芬芳。"这两年云南茶研所在这里又新种了一个品种,做红茶特别好,叫作云茶红。"厂长说。这实在是勾起了我的馋虫:厂长做的好茶,博南红、摩锅青、伽马绿、熟沱黑……无不滋味难忘,这云茶红又当如何别于博南红而出类?

终于在茶室琳琅满目的产品中取下了云茶红,开盖就有一股浓郁的可可香涌出。难道与无量工夫(前篇述及的巧克力薄荷香胆经红茶)同类?我疑窦顿生。待一杯入喉,眉梢须臾发烫。这是三焦经最典型的茶气反应,只有小种红茶才会有呀!

云南本地的茶种,无论叶型大小,从亚种上说基本都属于云贵大叶种,有少数几个品种属于江南小叶种。因为基因差异,关键有机芳香分子不同,所以做成红茶后,大叶种入足少阳胆经,小叶种入手少阳三焦经。莫非这云茶红就是祁红、坦洋之类的小种红茶?其从滋味到气感,几乎都与传统的坦洋工夫无异,唯多了一丝清冽。但是,江南小种在如此高的海拔存活似乎有难度。带着诸多疑问,我跟着厂长到了茶园深处的一个山坡。钻过大片两人高的勐库茶密林,一片整齐的台地茶映入眼帘,叶片似福云而厚,枝干如华茶而粗。我恍然大悟,这是大叶种与小叶种杂交,巧妙地融合了大叶种的抗寒性状和小叶种的内含芳香成分,故而生长能力如大种,口味、气感一如小种。这样的创新大大丰富了茶种资源。

自尹和春老先生等人不断突破茶树种植的海拔高度,大栗树茶人特别具有开拓创新的精神。他们向各方专家学习,勇于尝试,勇于接受新事物,探索新领域。这样的茶厂,当然能做出最好的茶。这一批人,才是永平最大的宝藏。

永平还有唐、宋、元、明、清历代古梅树。梅花香是难得的入带脉的香料。明年春天古梅绽放时,我定第九次来永平,采梅香,写入《香道经》。

◎ 云龙县大栗树云茶红茶园

十四行诗 量子纠缠

你说的那句话或许从未想要兑现
只是我还在傻傻等待
确定你的念头已经改变
随口的一句话何必见怪

连宗教都已拿起了科学的武器
狠狠地向自己的心口扎去
根本没想要测量你的心意
相反状态共存也不是奇遇

为了证明你盒子里那只猫已死
我浪迹天涯　寻找另一个酣睡的盒子
然而月色凄迷　一切都被距离凝滞
打开盒子的瞬间　灵魂找到了主子

生命中总有无数的量子在纠缠
为何只有你这一颗触动了我的心弦

2017.4.29 昆明

长相思 · 夜望滇池

水满天
月满天
今夜滇池恍惚间
心归断雁边

梦窗前
到窗前
历历风烟春意寒
柔肠何处牵

2018.4.17 昆明呈贡

五绝 · 题月季狸奴

春风金线暖
丽日白髭香
懒卧花丛下
雍容好吉祥

2018.4.19 禄丰

155

一剪梅 博南梅香普洱

一处梅香似雪香　　踏遍春花为谁忙
汉写风光　　　　　影渐纤长
元写芬芳　　　　　人渐沧浪
苍山背后有仙乡　　只因路远夜将央
古道荒荒　　　　　欲饮茶凉
今道茫茫　　　　　若饮心怅

2020.3.1

◎ 狮子窝茶王树

永平是普洱茶树种自然分布的最北端，此地普洱基因多样性最高，可能是普洱树种传播的源头。从大理到缅甸的博南古道穿过永平，在这里留下了很多古迹和古树名木。县衙中元代的梅树，枝干遒劲，覆盖了数丈见方的院子，年年梅香四溢。狮子窝有上千棵古茶树，很多至少可以追溯到汉代，有普洱茶种、大理茶种、藤子茶种……这里的普洱做成黑茶，其陈皮梅的香味极其浓郁，正与元代梅花相呼应。

桂枝香　滇西摩锅茶

春烟暗逝　叹分漏盗时　玉萼偷落

总把韶光洗尽　海清天阔

兴亡世事风尘里　几人知　几人疑惑

重茶三盏　轻香一抹　且从头说

自魏晋　隋唐亦或

信白乐天诗　宋道君册

浪迹青山影绰　百年去国

那堪旧阙惊回首　物常非　名已湮没

教凭遗梦　烂柯应在　短松西侧

2022.7.30 芒市

子曰：礼失而求诸野。中原乃文化融汇之地，技艺更替极快，古法或失于烽火。而边陲四野，外邦诸番，陛于一隅，常有古之技艺暗传。唐时盛名之黄茶，洞庭之澄湖、鄱阳之虎溪，有诗心之苦，饮之生羽翼之效，至五代而失传。明时人欲恢复，却不得其神。数载之前，吾等在黔东以现代科技复原唐法黄茶，窃以为复活已亡之艺。不想又见古黄茶于日本四国岛之高知、吾国滇西德宏州之芒市。此二者酸黄茶之妙，岂非证乎孔子之所谓"礼失而求诸野"？

盖芒市之野，文化遗产实多，汉谓永昌徼外，唐有金齿之国。诸民去沮东土而杂汇于此。商周时濮人至，乃今之德昂族;秦汉时羌人至,乃今之景颇族之群;隋唐时越人至,乃今之傣族;而自汉武遣使开博南古道,汉民络绎而来,至明代尤多。诸民各居其寨,各有其俗,莫相谙知。故濮人有古黄茶,至今方为吾人识。昨日自大理至芒市,品德凤茶厂诸款奇茶,又知其有古青茶,谓之摩锅,滇西乡野多有也。青茶至清初发展成摇青工艺而为乌龙,几一统青茶天下,故俗多以为青茶即乌龙,乃至误判清之前无青茶。实则摩青工艺之古,难考矣,唐且有之。今见诸东莱之野、潮汕之滨,又滇西之陲,实古青茶之遗珍也。其工艺步骤有摊晾、温锅摩青(由轻至重又轻)、烫锅杀青、烘干。摩青之时,芳香酸既成,必为青茶也。

青茶热发则入胃经,久饮则胃气通畅。此消食健胃之良方也。然则胃经通亦有尴尬之事。胃经当温平,寒凉则不下,热则反升。若胃经不畅,反热亦不畅,虽积毒不良,却不为急症。若胃经通畅,食用归胃经之大热之物,则热气逆胃经而上,至端而破出,虽为排毒,实苦。故数年来,每食榴梿、波罗蜜之类,一刻之间,吾必唇周红肿,地仓浆出,痛楚不堪。

品罢摩锅青茶,德昂酸茶之传承人卢凤美取出软肉波罗蜜为茶点。吾嗅其佳香,心中暗苦,食之热毒必溃,奈之何?若能导地仓之热毒而排诸他穴,化整为零,岂不美哉。思此灵犀一现,近日钻研香道,知芸香一纲入阴跷脉,通地仓、四白、承泣、睛明诸穴,可导胃经气入膀胱经,若此,胃经热毒似可自别经排出。问之卢总,曰芸香乃芒市多有之香草,速从后厨取出一包。吾当下趁勇食波罗蜜九粒。诸友见吾口周顷刻红起。取芸香一支焚之,香云腾起,吸入鼻腔,如柚汁陈皮之气。一股凉意直上睛明。众惊呼:"白矣!"果然红肿立消,周身细汗略黏。其效神乎哉！芸香草归阴跷脉之强，吾未尝有遇也。试之诸友，满座皆惊，俱感循经之气。自此，吾可畅食热果也！

《黄帝内经》云：气归精，味归形。此谓香火之气入奇脉而归精魄，茶水之味入正脉而归形器。以茶导正，以香通奇，茶以正合，香以奇胜，养生之妙，庶几乎！

◎ 博南山云龙宝丰茶厂

云南·丙马力山

〈西江月〉葡红古树茶

沧水泼澜有势
苍山伏点无边
悄攀新月蝶跹跹
渐染心思浮见

宛作泰西殷料
如腾南海檀烟
夜光何必瀚沙间
一饮风清日暖

2019.12.31

◎ 勐海傣族姑娘采茶

怒山自梅里而下,东临澜沧,屈折而南,过保山、临沧,群山高低起伏,连绵不绝。至澜沧县而有景迈山,至勐海县南而有布朗山,皆茶山之闻名者。两山之间,勐海北境,有一小山曰丙马力,摆夷语所谓陡山环绕之秘境也。勐海多野象,近年时有毁田伤人,而未闻入丙马力者。山环而少风,最宜红茶。此山古树甚多,用之匠心,辄出嘉茗。丙马力山红茶味浓、汤滑、气盛,嗅之有葡萄之香,含之有姜黄之味,祛风利胆之功极矣。

◎ 老挝乌都姆省蓝霖山茶园

菩萨蛮 曼嘿寨夜捻葡红茶

三千弱水何曾顾　　夜深人不寐
一枝红叶云中路　　辗转幽思醉
何事表丹心　　　　万里送香微
月华浮作金　　　　欲言更漏催

2020.4.22 勐海

◎ 古树葡红茶揉捻教导示范

红茶虽然普遍,但是制作工艺并不容易,需要非常严格地控制,以符合各种标准,特别是用普洱古树做红茶。好友杨淋杰在云南和老挝有数千古树,严谨做茶,但是红茶的氨基酸脱氢工艺把控殊难,时成时败。所以我专程去勐海县曼嘿村的蓝霖茶厂,与做茶师傅们一起,连夜手工做茶,把每一步的操作标准和生化反应标准都制定出来。最终,普洱古树红茶的葡萄香一定要产生。其中的葡萄酰胺（3-L-天冬氨酰吲哚乙酰胺）就是葡红特效祛风的奥秘。很多朋友风寒感冒偏头痛时，喝一壶葡红茶，几分钟后就见效了，都夸赞葡红神奇。而神奇之物的背后是严谨的科技和辛勤的汗水。

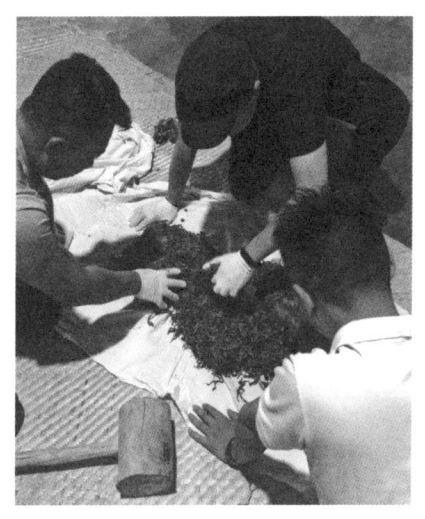

◎ 研发发酵工艺

◎ 蓝霖茶厂中傣族妇女在杀青

七绝 春野品红茶

一曲清溪落野花
春风共我饮红茶
青肝赤胆宜相照
碗在浮云日在沙

2022.3.26

近日沪上春风和煦,百花盛放,虽不能远游,坊内园圃道旁草木妖娆亦足矣。遂与妻携葡香红茶踏春,江湾曲溪赏花品茗。

此春日中,饮何类茶最宜,众说纷纭,然多讹误。四季轮替,寒暑交临,人无不知。然则何以天人合一,应四季之变而调身心之况,却不尽得道。有言冬日严寒须以红茶暖胃者,殊不知红茶少阳之气最是生发,冬宜养藏守静,饮红茶多则上火。

又有以《黄帝内经》之春生养肝、夏长养心、秋收养肺、冬藏养肾之准则,以五脏五行之配色,误以为春饮青茶养肝木,夏饮红茶养心火,秋饮白茶养肺金,冬饮黑茶养肾水。国人须知,"五色养生论"乃伪国学之首也!"以脏补脏"略可言,"以色补色"比之"以形补形",皆荒谬无理。本草之经典多也,皆以十二经络分草药之属性,无以五行分草药者。十二经络,则是阴阳、三才、手足之三维相乘,与五行殊无关系。

饮食营养,以糖、脂、肽、盐、水为五营,以酚、酸、胺、酯、苷、酮为六养。五谷肉蔬皆有五营,无有专属者,摄食之后则分五脏以化之,故有五脏对五行之说。六养则花果草蔬或各有其一类,故而本草可以六养分,而六养可定以阴阳、三才之相乘,而可入六脉十二经。以此,青茶固与木无关,更何谈养肝?肝经属厥阴,乃人之阴也,对应六养之苷,为黑茶所丰。养肝者,厥阴黑茶也,以金花茯砖为佳。

然则春季果宜养肝而饮黑茶乎?此知其表而不知其里也。正如子午流注之养生,若辰时胃经当令补胃气,申时膀胱经当令补膀胱气饮绿茶,则昼夜颠倒,必病矣。阳脉当令,气放而虚,必补其母方宜。

时辰乃经络流转之节律,应脏腑互补之气。而《黄帝内经》之言四季养生,则人体之生长周期,须以自生自养方为宜。肝欲自生,则须补其经络渊源之气。肝经与胆经互为表里,胆经下行至终而回升为肝经,成一回环。故补胆经之气则可生养肝脏,为其有源头活水也。若以肝经气养肝,则揠苗助长,肝脏自生之力愈弱,至夏则飧泄。此养本而不养末之理也。

是以春日饮胆经之红茶,得少阳生发之气,方使身体充满生发活力。夏日养心,心经与小肠经互为表里,则须多饮小肠经之绿茶。秋日养肺,肺经与大肠经互为表里,则须多饮大肠经之青茶。冬季养肾,此非肾阴,而是肾阳,肾之阳上面乃肾上腺,属三焦经之下焦,而非肾经。三焦经与心包经互为表里,故冬季宜多饮心包经之黑茶。此所以《茶道经》云"春红、夏绿、秋青、冬黑、长夏(换季)黄、四季白"也。

于是傍溪卧石,铺碗提壶,对坐春风,分饮红醴,葡香胺暖,畅乎唯觉白日青云皆属我矣。

西藏易贡茶厂

西藏

八

贡普山
- 十四行诗 藏茶
- 十四行诗 吉祥八宝
- 七律 赴藏留别
- 十四行诗 雅鲁藏布
- 十四行诗 如果离别
- 秦楼月 夜听江流
- 十四行诗 不是高反
- 十四行诗 书店
- 十四行诗 琉璃桥

西藏·贡普山

十四行诗 藏茶

如果是一个细雨绵绵的夏天
我是在到来还是将离开
有一种结尾始终无法看见
因为不知开头从何而来

纵使细茎报春绽放了一路
纵使易贡错腾起了云雾
蛞蝓怠慢了黎明的光束
而我明白天地间谁人为主

茶园角落遇见一位羞涩的小牛
它告诉我每片叶子的味道
从夏的火热到冬的浓稠
什么在增加　还有什么并未减少

谁说离天最近的地方没有忧愁
今夜我把黑茶熬入了酥油

2019.8.2 波密

林芝的易贡在西藏和平解放后一度作为解放军的驻所,后来为了满足藏区人民喝黑茶的大量需求,在这里开设了茶园。所以林芝的茶场成为雪域高原长期以来唯一的茶园,直到后来墨脱也开始种茶。昨日从拉萨坐车来林芝访友,西藏农牧学院的呼景阔约我一起去看传说中的雪域茶园。神往之极,一夜辗转。今晨驱车,穿山越岭,渐行渐高,到达易贡时,空气中飘着冷冷的薄雾,有高原独特的清冽。一大片茶园就在薄雾中漫山遍野地延展着,一直到易贡错边。易贡错的湖面上也是飘着雾,一阵阵的微风吹拂着,就似美女挥起的哈达。哈达后面是一座碧绿的山峰,从湖面上升起,高耸入云,就像一只硕大无比的玉螺浮在水面。茶厂就在茶园中央,旧驻所的旁边。一大院宽敞的厂房,摊晾、杀青、揉捣、渥堆……都是粗犷的传统工艺。制茶人对自己的手艺有着无比的自信:这绝对是最"高"的茶了。普桃师傅热情地煮了藏茶请我们品尝,淡淡的芪香藏在浓浓的炭香中,是藏族火塘的一个个夜晚浓缩在里面了。一壶藏茶喝完,肝脏暖暖的,眼睛清清的,我们准备去茶园走走。茶园里被雾气浸得湿透了,遍地青苔,藏南特有的大蛞蝓在悠闲地游着。一畦畦的茶树之间,开着细茎报春和毛蕊花,米黄色的花朵把茶园点缀得恰到好处。但是最显眼的,还是在茶园里漫步的一头头黄牛。虽然我一早就看到它们了,却是不敢先提到它们,怕惊走了画面的主角。走着走着,渐渐下起了雨,我们到茶园中间架起的高台茶棚中避雨,看茶园在雨中渐渐化成水墨。

其实,避雨已是多余,在茶香和雾浓中,衣服早已润湿。于是顶着雨返去。呼延说,千万小心,高原上可不敢感冒了。可我喝了那么多藏茶,厥阴为阖,元气不泄,那一场香香的雨就像温泉浴一般。回到拉萨好多日子,离开西藏又好多日子,可是那场雨一直在回忆里。

◎ 易贡茶园

十四行诗 吉祥八宝

有谁知道雪山对小草说了什么
让它在今晨开出蓝色的格桑花
有谁知道你对我说了什么
让我在梦中独自来到了拉萨

非要为世人树立一种信仰
或许正是因此　雪山会迷茫
法号声中你的经还在被传唱
历史却在演绎的故事中悲伤

我在八廓街头偶遇了一双鱼
扭动的姿势在半坡是如此熟悉
璎珞华盖遮不住六千年的风雨
而你的话曾一遍遍修改记忆

即便因为缺氧我把你的话忘记
灵魂的图案比任何文字都有威力

2019.6.29 拉萨

七律 赴藏留别

东风拂皱夜阑干
曲柳长亭落牡丹
晓别江南心意老
轻征雪域志怀轩
乖窳莫出河湟水
好梦常经日月山
此去昆仑应么事
音书可渡玉门关

2019.7.30 拉萨

◎ 藏族的吉祥八宝图案在仰韶彩陶中都能找到可能的源头

十四行诗 雅鲁藏布

珠穆朗玛没有我想的那么高
雅鲁藏布没有我想的那么急
我的思绪常在九天飘摇
虽然此身依旧脚踏大地

这个世间有什么可以称为雄奇
当山风磨平棱角消灭奇迹
一切归于平淡没有出离
只有心可以宽广到无边无际

自由的是灵魂　无用的是人生
大江之上　无人哀叹年华不永
当一滴水把握阳光而飞升
时空转换　却是永不回头的黑洞

我已经远离了颠倒梦想
一路前行　如这奔流不息的大江

2019.8.3 米林

十四行诗 如果离别

如果离别开启了思念

思念已无需太多等待

如果思念难以释怀

那是雪山在埋怨大海

自从我离开你的身边

你历数了我的种种坏

那一个个清冷的夜晚

月光怎会被风雪遮盖

我想把冈底斯搬进院子

在窗台下开凿出纳木错

或许东南角合适大昭寺

然后我在罗布林卡为你唱歌

不管你还在不在等那个答案

记得今夜我们梦里相见

 2019.8.5

秦楼月 夜听江流

无眠月
三江似在帘边决
帘边决
听声不竭
望流难澈

此心直欲随江泄
乱波却把帆舣没
帆舣没
且收残楫
漫牵绳结

2019.8.7

◎ 远眺布达拉宫

十四行诗 不是高反

在东海或是雪山上
阳光的色彩不一样
在黄浦江或是拉萨河旁
我的心跳不一样

离天空越近的时候
那一片金光越明亮
离你越远的时候
那一阵脉搏越慌张

雪域上有千万条河流
在阳光催促下奔向四方
我经历了千万次行走
在梦想里只有一个方向

就想告诉你 头疼不是什么高反
只是思念已在我大脑中泛滥

2019.8.12 拉萨

◎ 寓居拉萨，用黄茶缓解高原反应

十四行诗 书店

每一本书都是一扇门
门后却只有死胡同
在这家书店里我未付分文
因为没有一丝阅读的冲动

有人走过的路已经坍塌
有人用过的方不再有效
所以经文才多如恒河沙
所以咒语是否依旧奇妙

刻在石头上的文字似乎重要
但石头本身就是大道
野花盛放着鲜艳妖娆
远胜于神像浓厚的颜料

我可能已经读过了太多的书
就像我已经走过了太多的路

2019.8.13 拉萨

十四行诗 琉璃桥

你说石头会说话
只是它讲得太慢
你用一生去等它
却只听到一声叹

你说鱼儿会上岸
只是没有人将它呼唤
所以它放下了执念
看盏盏河灯漂向天边

数不清有多少个中元
我与哪一个前世相见
当明月光渐渐转蓝
黑夜终于慰藉了白天

如果千万劫后你还未将我忘记
昨夜我在琉璃桥头等你

2019.8.15 拉萨

◎ 四川平武县豆叩羌族乡大窝茶园

四川

九

岷山——
五绝 龙州青丝茶

蒙顶山——
七绝 蒙顶雀舌
十四行诗 萤火谷
长相思 春归
谒金门 那字
七律 米易傈僳文化论坛
五绝 米易夜色
十四行诗 新山傈僳约的节

四川·岷山

（五绝）龙州青丝茶

玉树金山柳

青丝毕月舟

千杯星满腹

一梦到龙州

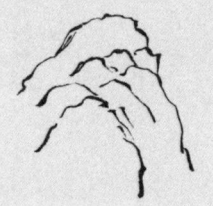

2019.12.30

岷山大半在四川省绵阳市平武县境内。平武古称龙州，出名茶为贡品，曰"龙州青丝"。其史久矣，故山中多古茶树，或留树干而蟠虬若龙，或截为桩而枝条丛生，谓之"大窝"。其叶如柳丝，或是青丝其名之由来。校友丁丁投身平武自然资源开发，屡寄茶品于我，并数邀至平武。每至，必为之赞叹。廿年前初至，为调研白马人，惊知其基因为东亚最老之族群，故古名曰"氐"。氐者，底也。此秘境也！又至，见大熊猫、川金丝猴。国宝珍兽俱藏于此，此灵境也！三至，登高山而访古羌茶。饮之唯觉丝丝电流溯面而上，小肠经之气强之若此！此神境也！平武之茶，有三绝。茶分云贵大叶种与江南小叶种，大叶种多留古树而小叶种常翻新，故世少闻小叶种古树，然则平武之古树

◎ 藏族茶农正在采摘岷山古茶树茶叶

为小叶种,此一绝也!古树多生云贵之地,在南方炎热之处,而平武之古树生于岷山雪域中,此二绝也!小叶种茶树驯化年久,选育日长,品种特化,品系内部多单一,而平武之古树基因古老且多样,品味原始丰富,此三绝也!有此三绝,则佳品可成。为之红茶则小种而入三焦经,古树红茶绝异于滇南。为之绿茶则寒而入小肠经,其气无出其右。为之青茶则若单丛之味繁。信之乎?道其归也!

四川·蒙顶山

七绝 蒙顶雀舌

夙夜春风未解愁
窗前细雨乱眉头
何当雀语知心事
独是清香第一流

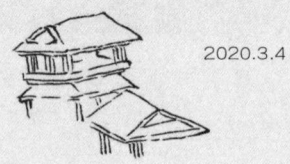

2020.3.4

四川蒙顶山，是最早留下大量种茶记录的地方，所以往往被人误以为是茶业的起源地。蒙顶雀舌确实可算是顶级绿茶，一壶下喉，菊香满腹，小肠经气自腹至脑，思路顿时清爽。

◎ 蒙顶雀舌

◎ 蒙顶山茶园

十四行诗 萤火谷

依稀记得千年前的那个夏夜
清风的转角处　你是一回眸的惊艳
幸好我提前偷走了明月
满湖嬉水的星星才被你发现

你要熄灭所有的灯火来看到我
你要屏住每一丝气息来靠近我
当你忘却一切理所当然的假说
从颠倒梦想中醒来　流光依旧婆娑

可知晓我的浪漫是如此简单
只要你抛弃任何多余我就已回转
留言写在经文中让人大笑的那一段
但我苦苦等了又一个千年

今晨　我结作白露滴在你面前
看那闪光啊　会比太阳还耀眼

2020.11.8 重庆

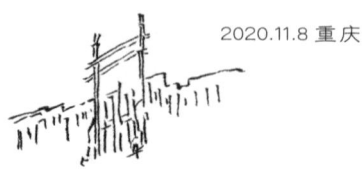

长相思 春归

月满楼
思满楼
一片清风不解愁
拂帘人已羞

梦未休
心未休
行到江山青最稠
春归花绮头

2017.4.27 成都

谒金门 那字

行道里
过尽春云秋水
雨是绵绵人不醉
唯当心上味

也有酣淋狂喜
也有三更幽倚
孰谓无情能万世
只因非那字

2017.4.27 西昌

187

七律 米易傈僳文化论坛

声声笙箫绕虹丹
望断楼头铁剑关
一入西川山复水
千年旧梦雾重烟
迷阳仿佛神农誌
玉首依稀夏禹先
此事须从纤细索
唯有踏破绛金鞍

2017.4.28 米易

傈僳族传说是颛顼的后代。我来到傈僳族的发源地采样调查他们的基因谱系,发现其核心家族果然与良渚文化先民、夏朝相关家族有着相同的基因类型。夏禹源于颛顼,古史传说或有真实背景。

五绝 米易夜色

山高新月小
水急暗波深
远客流连意
松风最沁心

2017.4.28 米易

十四行诗 新山傈僳约的节

有一条峡谷弯了又弯
有一个太阳转了又转
有一位姑娘站在谷边
有一首歌曲荡在心间

采采苤莒那青涩无比的香甜
白茅包之送给最可爱的春天
我的激情早已洒向梯田
千百年来只等候这一日的浪漫

刚吃木瓜　情绪与思绪一样丰满
登上刀山　信念比信仰更加精坚
那一匹白马射出温柔的箭
月光为路　带你来到我跟前

今天我把所有的情诗绣成了花边
哥哥啊　千万莫要当作没有看见

2017.4.29 米易

注：傈僳族约的节就是上巳节。"刚吃木瓜"是傈僳语，意为开心唱歌。

◎ 陕西汉中米仓山

十 陕西

米仓山

- 五绝 汉中
- 卜算子 春语
- 十四行诗 目的
- 五律 题汉江源
- 七律 武侯墓怀古
- 西江月 灵岩寺观嘉陵江
- 十四行诗 朱鹮

陕西·米仓山

五绝 汉中

秦岭收龙脉
汉江流玉京
过山云滚雪
经水石堪城

2017.6.20 汉中

汉中米仓山出好茶,绿茶以汉中仙毫为最佳。因其地靠北而寒,绿茶寒生则气入手太阳。又生长缓慢,地质肥厚,故而茶叶厚实,茶气充裕。入水根根皆竖立不倒,其端重也。汉中人多以此为豪,谓秦岭龙脉所养也。

卜算子 春语

风是柳边风

雨是桃前雨

虚度年年数季春

学尽思春句

柳也不知愁

桃也难相语

直至今春执手时

方悟因君许

2016.6.18 咸阳

十四行诗　目的

我度过每一个夜晚都是为了等待白天

我走过每一条小道都是为了找到回家的路

我徜徉每一个春天都是为了和你遇见

我写下每一句话语都是为了向你倾诉

别离是为了相思

争议是为了相知

关心是忐忑的种子

掏心是缠绵的开始

为了相爱我经历过无数次失恋

包括上午你两条微信间的半小时

为了快乐我忍耐了极度的缓慢

三千年了　我还在理解你说的那个词

我为每一个行为都定义了目的

其实很简单　因为都是你

2017.6.18 咸阳

五律 题汉江源

一入终南道
云深草木旋
昆仑遗县囿
霄汉落星涎
略润张良计
轻沾魏武鞭
孰言能饮马
自此济人间

2017.6.20 宁强

七律 武侯墓怀古

诸葛神机称万古
岐山勉力奈何多
曾经热血南阳释
自有冰怀水镜磨
一片臣心悬日月
三分帝意付风波
江山未负孤忠志
桂影流芳竹影娑

2017.6.21 勉县

西江月 灵岩寺观嘉陵江

烟霭承光山后
残钟失响江湾
一声纤号过峰峦
愿是离人将返

莫恨南中瘴疬
斯文蜀汉衣冠
略无略有逸阳天
恰好潜龙深遣

2017.6.21 略阳

◎ 泾阳茯茶的发酵车间

十四行诗 朱鹮

脸都红滴血了呀　你这样直勾勾地盯着我
夜色也无法安定夕阳悸动的心
只好借由终南山的暮鼓来藏躲
一个世代的失踪令你愈加狂热至今

我是多么容易灭绝的一个物种
世上还有哪里可以找到如此的痴情
你的爱是我赖以生存的田垄
问问谁最美　对这围起的一览水镜

我回来了　我回来了　以思念的速度
每一秒的延误都是千年的煎熬
因为你希冀的目光让我找到人间的路
我披着朝霞带来了一个拂晓

幸好你温柔的眼神找到了我
羞红了我的脸颊　却打开了我的心锁

2017.6.22 洋县

◎ 河南神农山一角

河南

神农山

十四行诗 神农山黑陶
十四行诗 涅槃
十四行诗 七律
霜天晓角 去日
五律 双槐树古城

河南·神农山

十四行诗 神农山黑陶

说吧　你有多少理由隐藏岁月
为此披上所有离开我的黑夜
说吧　你有多么希望突破味觉
特别是尝尽了生活充斥的苟且

人们说那时你是透明的
可以看清每一种色彩的味道
人们说那时你是开心的
可以舀起每一个远方的拂晓

当你以为一切都不会改变的时候
一切都已经悄悄变了
当你以为历史早已远去的时候
故事却又在转角处开始了

清醒时我在你身上留下一个名字
睡梦中你才能读到它的意思

2018.10.23 沁阳

◎ 河南沁阳黑陶壶茶艺表演

    黑陶是陶器中最为特别的一个品种,将富含铁等矿物的泥土,用超过1000摄氏度的高火烧至通体黝黑、质如金玉。这种技艺起源于大汶口文化,在华北地区至少有4600年的历史。龙山文化中出土的最精美的黑陶器薄如蛋壳,被称为蛋壳陶。因为黑陶导热性极高,透气性也好,所以特别适合冲泡红茶。红茶里面的关键成分是各种难溶的胺类,需要高温冲泡溶解,然后迅速散热透气,以免溶解出的胺类变性。黑陶壶就能满足红茶冲泡的所有要求。工艺家汤丽在河南沁阳的神农山一直坚持传承盆窑黑陶技艺,并不断创新,开发新产品,推进新形式。神农黑陶已经成了历史悠久的盆窑的一个著名品牌。

十四行诗 涅槃

那个夏天你可能突发奇想
说我们除了爱什么也没有
你应该记得我错愕的模样
以及转念之后的淡淡忧愁

是啊　我们的激情属于阳光
还有我们的体贴属于晚风
或许依赖属于静谧的院墙
然而怜惜肯定是属于疏桐

我也已经没有了任何执念
把每一个器官都编号捐献
如果只有你可以配型完满
因为所有的规则都是自然

当我的心包再唱起那首歌
日月星辰都将倾听我诉说

2018.10.28 香港

十四行诗 七律

我试图在八句话内结束情绪
包括平淡的开头和华丽的对仗
起初的冲动在第六句继续
还有第七句中要无限的惆怅

真的不该写第八句话
就像月光终于照穿了窗户
那个时候风的种子在床前发芽
我的心中空空如也　感觉溢向四处

流走的情绪还是我的情绪吗
人们传颂着在雪中踏出节律
都以为可以揭开想象的面纱
独处时私有化月亮也是刚需

按照曲谱我已经唱完了这首歌
但失控的词句已逃脱了所有枷锁

2018.2.2 郑州

去日

银霜红叶

落尽三秋日

回拾起

缠绵夜

窗影里

千千结

长亭烟柳别

玉人私语切

何必记

天涯志

韶华也

相思页

2017.11.18 郑州

五律 双槐树古城

孰作同心结
依稀不解情
归流河洛水
对映女牛星
月上双槐树
沟环古帝城
千年尘累累
万世志明明

2017.11.19 巩义

双槐树遗址位于伊洛河与黄河交汇处,建于5300年前,残存面积达117万平方米,三层壕沟。城内出土彩陶,多绘双C纹与S纹,似族徽,宛若同心结。城内多墓,其一女伏男尸而葬,梁祝耶？令人遐想翩翩。

© 湖北竹溪县武当茶园

湖北

十二

武当山

- 五律 龙王垭武当箭茶
- 十六字令 龙王垭
- 十四行诗 梅雨中的小鸟
- 十四行诗 万江河大鲵保护区
- 减字木兰花 楚长城怀古
- 七律 石家河古城

湖北·武当山

五律 龙王垭武当箭茶

望尽烟岚翠
因知气韵生
入春风作箭
临夏雨研青
溯道搛秦楚
凭山扚月星
不炀霄汉水
难配此中茗

2017.7.14 竹溪

武当山乃当今道家第一名山,其山灵气固盛,然则于茶种而言,其山亦有奇处。茶有两亚种,云贵之高原大叶亚种,周边之平原小叶亚种。小叶亚种因自寒暑而首分南北,其界在武当。故而武当之茶,集寒暑天气之大成,化太阳绿茶之天阳正气,其分子常丰富,其滋味常饱满,其体感常雄浑,饮之有若观银河之璀璨,故叹。

十六字令 龙王垭

岚

蔽谷遮山水墨边

香抹天

悄生茶树间

2017.7.16 竹溪

◎ 铜壶滴水法冲泡
竹溪武当箭茶

十四行诗 梅雨中的小鸟

梅子成熟不是因为梅雨太多
而是有滴雨浸润了梅子的心
你的情绪往右时思念却总往左
雨季过后那点雨渍千年如新

断桥头的那顶油纸伞啊
在这个春天又把你淋透了
我不由自主地跪在你的膝下
船儿摇摆让红色的小鸟睡着

在面前的是麻烦种种
在天涯的是思念无边
我想把宇宙都腾空
用幸福给你装满

还有你隔着帘子唱歌
告诉我春天的每一种颜色

2017.7.13 武当山

十四行诗 万江河大鲵保护区

为何要介意别人的目光
你就是我的美学定义
水中每一弯涟漪都有一个月亮
你我的世界就是这一条小溪

这条小溪里为你收藏了一万条江
一万个故事丰满一万次夜色迷离
你的歌声让一万片青石回响
娃娃的自在放纵也不是哭泣

我知道何处是天堂
这条小溪这个夜晚与你在一起
我知道哪里有梦想
远离人间的一万个夜晚都有你

我把大山摆成八卦将虚妄阻挡
浅浅的溪水深深的夜色是我们的原乡

2017.7.15 竹溪

减字木兰花 楚长城怀古

红云青岫

一入秦川金粉瘦

荆楚边关

暮雨潇潇失野山

残垣斑驳

离泪几多城下落

回望千年

如梦闲情如梦天

2017.7.16 武汉

七律 石家河古城

滟滟明波映紫烟

麦苗青处有城垣

杯盘俱在人声寂

草木犹香殿角寒

容易光阴千载去

等闲分野四周全

来前莫问苍生事

玉面陶身尽向天

2017.5.24 天门

    石家河古城是从轩辕时代到五帝时代的一个大城,有数座城池、宫殿、工场、祭坛等,规模惊人!更有趣的是,湖北石家河祭坛的形式与辽宁牛河梁祭坛几无二致。石家河的工场库房里留下成千上万的杯子,不知用来饮酒还是饮茶。

湖南

十三

君山
- 十四行诗 君山金砖

雪峰山
- 十四行诗 六步溪黑茶
- 十四行诗 桃花源

武陵山
- 五绝 张家界野树黄茶
- 十四行诗 好梦
- 十四行诗 鸡叫城
- 七律 题高庙遗址
- 十四行诗 吕洞山黄金茶

阳明山
- 七绝 过阳明山
- 七绝 梵云深
- 七绝 避疫享闲
- 十四行诗 浇花
- 十四行诗 永州之野
- 十四行诗 鬼崽岭

湖南·君山

十四行诗 君山金砖

沙子堆成的塔试图通向天堂
春风涨起的浪已经冲起黄沙
长江生了两个肾和一个膀胱
这一个肾脏连梦都要被蒸发

我就从那个古渡口向你荡漾
我就趁着云雾飞上最高山峰
当你找到那个井口通向故乡
所有哀怨的绳结都将被放松

来吧　来吧　这里还有什么不能转化
舌尖上亲情和友情开出爱情的花
那一滴滴苦泪被甜甜的蒸汽升华
竹林后种下一个故事发出无数芽

我困顿时你却总告诉我要放下
在这杯金汤中我才听到了真话

2018.5.18 岳阳君山

君山黄茶在唐代就有盛名。君山北湖在唐代被称为邕湖，故黄茶被称为邕湖茶。诗人齐己喝到这一口黄茶感动不已："邕湖唯上贡，何以惠寻常。还是诗心苦，堪消蜡面香。碾声通一室，烹色带残阳。若有新春者，西来信勿忘。"把唐代君山黄茶的特点写得淋漓尽致。黄茶珍贵，用以上贡；滋味苦，能通心肾，可活血、消除蜡黄面色；碾碎烹煮，汤色若夕阳般橙黄。看到这样的描述，很多喝过现在普通"黄茶"的朋友都会犯憷，无论是黄芽茶还是黄大茶，都不是那个样子，煮过以后滋味是无法下咽的。实际上，唐代的黄茶是全发酵的，在五代十国以后就失传了。现在的黄茶大多是微发酵的，起源于明代。除了工艺步骤大致类同，工艺参数和产品内含是完全不同的。唐代黄茶的功能源于其含有极其丰富的黄酮（20%以上），明代黄茶则以酚类和酸类为主，黄酮含量很低。君山的黄茶，大部分人都记得银针，那就是明法的黄茶。而君山的金砖，虽然看上去不太符合现代审美，碾得太碎，煮得太烂，但是极品金砖那种浓郁的山楂黄酮的香味，那夕阳般的汤色，让人回味不已。那种微微的苦味，让人特别舒适，就像很厚重的历史故事，就像君山上的湘妃竹、柳毅井……

◎ 湖南岳阳君山茶园

湖南·雪峰山

【十四行诗】 六步溪黑茶

有人追求着更高的熵值
有人迷恋着不完全的化合
在莽山之间以狮子之名维持
在鼎炉之下以七星之记镇摄

一朵金花要抵抗亿万的毒菌
一座神祇要面对无尽的妖魔
当阳光与风雨的配方调成红云
我还在黑夜的河流中秉烛摸索

咤！一个发音的威力震起无数的尘埃
迷雾散去之前我燃烧着那个我
蒸汽已让皂苷无比香甜可爱
以及透明的肝脏把颠倒梦想看破

人们啊　任由灵魂住在肝胆之下
而我早已用这一盏金汤将它们斩杀

2021.7.30

湖南安化黑茶盛名久矣，古者资水通衢，安化其便捷之地也。今尽凭陆道，则山峦险阻，反不易达。吾每过湘西，皆绕安化而行，未得造访常以为憾。今年结识校友桑海亮，彼自退伍后，心牵大众健康之事，得黑茶而知其宝，去脂化腻，可解盛世难免之福病，遂以为毕生之业。其于安化县西之六步溪保护区内，觅得山间野茶树，以古法做成原荒黑茶，众以为奇。读我《茶道经》，竟识茶既养人而弘道，发愿以黑茶伊始践行。故得同访六步溪，入大山界，见重峦叠嶂，真如文人山水之画。其茶在狮子岭上，散布丛莽间，与乱树杂花间生，果荒而不耘，真原生也。每至茶季，乡民入山觅茶，日不可数斤，其艰辛可度。而此茶之纯净天然可知矣。

然则，原料之佳，为好茶万里之始迈，酿之工技，藏之造化，烹之精妙，皆不可缺。黑茶之成，采摘后须摊、炒、捣、渥、烤、筑、发、烘，其技不可一步不慎。海亮初入此行，以传统技艺为重，不敢有差，菌房严控，筑型标准，尤以烤茶必设七星灶，今罕见矣。七星灶者，黑茶烘焙之古法也，上架丈余铁箆，下埋六尺深灶，灶火之上倒扣一大锅，锅有七孔以出烟火，喻以七星。七道火流，使茶均匀受热，半发酵之成分蒸散，不稳定之基团屏蔽，使其入口温润。湘人皆好此烟火之气，其味略似湘西熏肉。而吾不爱此味，茶润故好，余烟蛇足。坚持传统可曰守正，以现代技术改良可曰创新。昔者无电炉烘箱，则七星灶为最善，今科技日新月异，必有更善之法，而不余焦油之味。海亮从善如流，不日将更有新成。

是夜，自其库中取样，以蒸淋壶烹之，至泡沫涌出方为宜。他厂之茶，或嗅之香高，而泡沫罕有，唯海亮之茶泡多，皂苷浓厚也。黑茶捣渥而皂苷生，可疏肝去脂。而蒸淋之法，沥下皂苷，蒸上茶碱，故愈蒸愈甜，此黑茶之正者。若非正茶，则苷不足而沫不起，蒸久而愈苦，难以下咽也。知黑茶之理，则可明辨黑茶之技矣。

皂苷疏肝，使人清减，当世急需。人或以为所好皆所需，常为嗜好所误。嗜好者，肝肠邪魂之好也，乱神而衰魄，非正念本魂之需。故肝肠杂菌可以乱神，人或以为魂之所在，故有言魂居肝中者，外邪之侵也。本魂岂可居肝中而不居脑中？常饮黑茶，以皂苷祛脂疏肝，邪魂不生，人自清明是非矣。此吾等所以孜孜求黑茶之正者，唯愿世人皆知此。

十四行诗 桃花源

我进来的时候打开了手机定位
这十里桃花不要屏蔽我的信号
有条短信可能要等两千年你才回
梦中失落的时光你要如何寻找

肝有郁　脾有气　肾有精　心有念
我的每一个器官都充满情绪
知道吗　你也是我的一个器官
牵引身体驾舟向桃花深处行去

你想我的每个念头都是一个桃花源
穿越发生只在一个回眸之间
初次的路径已固化了我的大脑回环
我要打开石壁穿过沉积的两千年

昨夜桃花落在江上出卖了你的讯息
水不知道答案却知道春潮的缘起

2018.10.8 桃源

湖南·武陵山

五绝 张家界野树黄茶

深卧重山里
浅迷春雨中
夜听轻噼噗
茶色入黄钟

2017.4.9

武陵山为云贵高原之东屏,其西为黔,其东为湘。北侧多脉分入湘北,谓之武陵源,今张家界也。其山多野茶,为云贵大叶种之边缘杂变之种,故性味多变。有湘西妹子隐居张家界山中,本事茶学,好究茶道,于山中野茶树采清明嫩芽,翻炒发酵,成一奇茶,遥寄予我品鉴。视其成茶,卷曲披毫,形若碧螺春。香气浓郁,亦如碧螺春。然则稍一入水,便知与碧螺春相去甚远也。热水入壶,顷刻出汤,色若金浆,可爱之极,当为黄茶也。入口则略寒,此不似黄茶,或因绿茶之气未尽。茶汤入胃,忽觉心中一惊,有一道少阴气直窜心间而过,果然为黄茶之少阴气。感幽思辗转,淅淅沥沥,不可明言。此觉如夜半梦回,倚枕听雨,无心睡眠,翘首天明。动心之气,似春女怨、秋士悲,然则稍纵即逝,不可琢磨。再出汤,色淡味异而气远矣。嘻!心动之茶,生于心动之人也,茶品因人而异,其妙若此也哉!气者,魂魄之质也,用心之作,茶气或受心魂之感。此茶如此,必用心之作也。

十四行诗 好梦

我就是你虚构出来的呀
所以可以对你要多好有多好
全部的美好都由你想象规划
我的爱都是你的 随叫随到

你我相遇的那个转角
你我相约的那个楼层
在哪里没有别人知道
他们的电梯无法在此经停

我早已痴迷于这样的幻境
有辆自行车穿梭于现实与虚空
甜蜜是巧克力融化的生命
温柔是靠枕填充的蓬松

我的世界在你完美的爱里诞生
只要你喜欢 这就是一个不醒的梦

2017.5.21 长沙

十四行诗 鸡叫城

多年以后　我的坚守成了一圈虚线
人们没有听说过太久远的往事
比形式消失得更快的是内涵
何况那无法记录成文字

如果鸡叫意味着天亮
那为何还要太阳
如果守卫只靠一道城墙
我们还谈什么信仰

但是鲜活的人生啊　也会碎成一地陶片
当记忆的顺序被打乱　故事就无从整理
耕种养育历史按照经济规律重建
只有理想主义者还在感慨自以为的奇迹

可为了当下我还是划下了三重圈
一圈限制我　一圈守护你　一圈是生活的波澜

2017.5.25 澧县

七律 题高庙遗址

万里寻踪山路断
清思酽处一江秋
烟熏夕照青柑树
露结西风白鹤洲
有数残瓯留凤点
何缘碎砾算遗筹
方知八卦无因果
又在潇潇古渡头

2018.10.7 黔阳

湘西沅江上游的高庙遗址记录了高庙文化的开端,其距今7800—6700年,出土白陶点刻凤鸟、八卦、建木等图案,是中华文明的滥觞。今访遗址,发现周遭地形俨然后天八卦之势,叹天机其玄妙哉!

十四行诗 吕洞山黄金茶

我在上腹部找到了太阳和月亮
有人说那里寄托着祖先的灵魂
当他倾倒拜伏时双口相叠的模样
像极了失眠六千年的边城

从红色到紫色　我走过漫漫长桥
却在一秒之间来到了桃花盛开的地方
生存的艰难与死亡的美好成为歌谣
木鼓的节奏在第五重天上飘扬

黄金的传说迷失在茶汤的浓香里
那是陈年的理想一代代地发酵
只能把真诚深埋进神话中的树底
今夜是哪只候鸟在暗暗发笑

云遮雾绕的山前　弹幕跳出六个选项
你却毫不迟疑地全部勾上

2021.12.15 保靖

久闻保靖黄金茶大名,却并未多在意。年前友人寄我一袋,放入冰箱,埋在龙井猴魁众多绿茶之中。今年广推铜壶滴水,夏日偶有取饮,觉栗香悠扬,后背涓下,未如龙井之洪波、猴魁之激浪,遂未多顾。秋末某日,保靖县政协胡文峰主席受杨志慧书记之托寻我,邀往湘西一观黄金茶之奇。久仰盛名,必欣允之,而瘟疫频作,迟之又迟,乃至年末方成其行。昨日至湘西已是夜深未央,杨书记相谈迫切,于古城茶室设会。席上呈明前之初毫,嗅之顿觉远超我藏之物。虽已是亥时不宜绿茶,奈何难耐萌动之心,速唤紫铜壶滴之。汤中青绿弯卷之毫未绽,而栗香已溢。饮之,初睛明微热,遂腰间魂门肓门渐烫,膀胱经各穴陆续点亮,渐成湍流,潺潺不竭,刻余方止。此种归经行气之式,未尝有闻也。同是归膀胱经,龙井如富春江潮,黄金则是武陵泉溪。其初先后各穴如泉涌,漫成清溪欢歌而下,此苗山之惯见之景也。经络之流,虽有其向,未必自始而终也。各经所需之钥大异,而各穴所需之钥亦小异。汤药入胃而进血,而后至周身各穴,其中成分之钥能开何穴则何穴始通。龙井自睛明始,而黄金自魂门始。嘻兮!造化何奇也,而万物各美也。黄金之中黄酮醇尤多,氨基酸亦丰,其成茶,宜绿宜黄,宜红宜黑,真尤物也。翌日,登苗寨而观千年茶王,上祭台而望吕洞双镜,念秦汉开化之功,感盛世遭逢之幸,美乎何甚于携茶从游也。

© 保靖黄金茶茶树王

湖南·阳明山

七绝 过阳明山

秋风起处花如雨
落尽潇湘片片心
不是清波留不住
山重水复入深林

2019.9.23 零陵

湘粤之间五岭逶迤,五斜三横。骑田岭之横曰瑶山,萌渚岭之横曰九嶷,都庞岭之横曰阳明。阳明之山在永州城南,与九嶷山南北相望,而成湘南盆地,人文诡谲之处也。古者舜帝迷踪,今者女书犹存。此处山高林密,物种交叠,过九嶷则离火之地暑热之种,上阳明则润土之乡清凉之类。于民如斯,于茶亦然。九嶷之上多云贵高原大叶种,蜿蜒入广东大青山。阳明之上则皆平原小叶种,比之江南而愈原始,上古之遗类乎?

◎ 湖南永州阳明山黑茶园

楚云深 浇花

今晨离别时
相托花与草
君或略留心
丝露清颜好
楼台夜夜烟
勿使藤萝老
一处挂君怀
一处萦吾脑

2018.5.16 永州

七绝 避疫享闲

朝看冷月暮看泥
一盏空烟一面篱
莫道清茗难假醉
今生最爱是柔荑

2020.3.18

十四行诗 永州之野

我是一滴水一缕风行走在山林中
黑白相间的巨蛇从地层涌动而出
猎蟒守护着云蒸霞蔚的天空
茶树紫芽凝结了慰藉盘瓠的露珠

怎么可能对不知道的对象产生敌意
当我知道了以后也一句话都不说
我还有一个透明的肚子成为了传奇
各种甜甜的液体在里面流成了经络

有一个山岗上种满了春夜
汗湿的前膺让我懂了人生的美好
巨蛇从脚背向上蜿蜒与我熔接
一觉醒来还是六千年前第一个清早

我相信最好的故事留给了最好的时代
当死去的枯枝重又绽放生命的色彩

2018.5.17 祁阳阳明山

金花茯砖黑茶的产地,大众多认得是安化,实际上湖南及周边的贵州、广西区域都可以制作金花茯砖,关键在于环境中有金花菌的孢子。金花菌也叫冠突散囊菌,能够把茶叶中的大分子多糖降解成各种小分子糖,从而与茶中的有机酸结合成配糖体,也就是黑茶的功能成分苷类,这是肝脏、眼睛和整条足厥阴肝经所需的成分。所以金花菌显著提升了黑茶的品质。茶人王力功,十年前从湘西安化回到湘南永州,见"大跃进"时广种的茶园业已荒废,惋惜不已,于是立志在永州做金花茯砖。他用阳明山北麓的大片优质群体种茶园,终于在2012年成功做出了极品的黑茶。如果喝过永州金花,你一定会发现它完全颠覆你对金花黑茶的认知。永州金花是那种淡淡的蜜香、幽幽的甘甜,完全没有一丝土腥味,没有一星焦油气。我们分析金花菌的基因,发现不同区域的金花菌基因组差异非常明显。原来,衡山南、北的金花菌是完全不同的。细看之下,就会发现永州的金花是橙黄色的,比安化的金花颜色深很多。所以自然界的生物多样性真的太重要了,即便是一种小小的真菌,都会给我们的生活增添这么多色彩。那天晚上我在自然韵的茶室品黑茶,三杯下口,顿觉右腹火热,立起身来查看,原来那片单衣已经湿透,印出一个肝脏的形状。

金花陈化

十四行诗 鬼崽岭

我叫你一声你敢答应吗
在阳光与水面之间冒个泡
我知道所有收服的方法
以及传说中心甘情愿的奥妙

人言可畏　大地在此震动
道心惟微　落叶早已枯萎
曾经的信念被千万个黑夜葬送
直到石像手中拈着一枝花蕾

有一天群山的影子会遮住池塘
所有的承诺都将从四野八荒回归
不愿再奔波的灵魂可以化为石像
任凭执念在想象中雨打风吹

潇湘之上我捡起了一个传说
亿万劫中泪水只为你一人流过

2019.9.24 道县

潇湘之源,九嶷山深处,是舜二世南巡归葬之地。后人所立舜帝陵恐非原址。东数十里有"鬼崽岭",岭上有数千年古墓封土,北坡立上万石像,自夏商而明清,祭祀不绝,石像累增,蔚为壮观。陵北对孤峰,上有象庙祭舜之弟。陵下有水潭,行人呼喊,则泉涌泡生,阴阳平衡微妙之处也。周边乡民虽多舜帝之裔族,以其阴仄,多不敢近,山顶草木石俑,动之必有祸生。今有一老叟守陵,言及此陵神异,曰冬月中,夜必有兵马呼啸之声,过潭而入,怪哉。余曰:舜帝,瑶民之祖而汉民之先,如此圣地,岂可任之荒芜。今人论及五帝,多曰缥缈不可言。然则往史不忘,来路不失,舜帝之遗存犹在,苗裔之血脉赫然,何人可菲薄古史耶?

安徽

十四

黄山 —— 柳梢青 太平猴魁

大别山 ——
七律 金寨茶山行
卜算子 金寨水竹云居小驻偶得
五绝 题金寨花石谷脚印岩
十四行诗 大城墩遗址
十四行诗 凌家滩
行香子 梦归
十四行诗 晚点

安徽·黄山

柳梢青　太平猴魁

日暖花颜
香烘青简
欲语无言
夜洗愁肠
晨消心结
风过幽兰

为谁寻遍人间
此生短
差池不堪
种爱成魁
瘗猴为荫
梦付黄山

2017.2.6

皖南群山以黄山为冠，其山奇绝，中华之首，无需多言。而黄山南得天目为屏，北倚长江以润，暑气不入而云雾升腾，使茶树品质更优。又其地茶种演化年久，种类繁盛。昔年陈椽先生于此得"猪耳朵"茶，虽为小叶种，而其叶大若猪耳，非大叶种可比。黄山之茶，因天气清凉，故为绿茶则入手太阳，以毛峰、猴魁最胜。年后上班，学生携来茶点，香甜可口。于是相坐谈心，辰时宜饮绿茶，算太平猴魁可配此景。猴魁出于黄山下之猴坑，为烘青绿茶。因其芽叶长而嫩，烘制之后，不卷不翘，平直如简，形态最为别致。绿茶寒，就茶点可免伤胃。绿茶气属太阳，当阴种阴藏阴泡，以合阴阳相生之理。猴魁树生半阴半阳之山谷，云雾遮蔽，谓之阴种；收放须密封干燥阴置，冷冻最佳，谓之阴藏;冲泡须水沸之后,高架铜壶,滴水如雨,高冲入壶,积累成泡,以免高温纯水破坏绿茶中鲜活酚类,并过快释放咖啡因,此谓之阴泡。得此三者,猴魁所以成绿茶之魁首也。其气若幽兰,游荡周身,有郁结尽忘、豁然开朗、清洗心魂之感。盖太阳气入小肠、膀胱二经,可清毒利尿、提神醒脑之故。学生言及人生困惑,不知所爱何事、所行何向,然则品茶讲古之间,郁气渐消矣。人生既短,即执即爱,即爱即执,何怨之有?譬如猴魁,若非所爱,何能成魁?间又想起猴魁之传奇,曰有母猴失子,遍寻不得,郁亡猴坑。有叟怜而瘗之,植茶树为之庇荫。亡猴报其恩,使茶树成奇品。此说固怪诞,然则深得猴魁以至阴气养其太阳气之道,又喻其解郁之效、厚爱之情,岂不奇哉!

◎ 安徽祁门黑茶老安茶制作

安徽·大别山

七律 金寨茶山行

为赋新词经万里
常将月色捻凉风
凝香只与清泠处
酽厚当和热血通
刻意年年承落雁
浮生碌碌寄飞蓬
金山一路听秋叶
已在盈盈碧水中

2020.11.11 金寨

金寨在大别山的北麓，自古出好茶，尤以独山小种为名。成茶工艺以第一叶扁制，称为六安瓜片。金寨县蝙蝠洞是六安瓜片品质最高的产地，可能与蝙蝠粪便的滋养有关。独山小种的第一叶中，黄酮醇含量极高，故而六安瓜片的口味非常独特，是浓厚的岩菊香（柯里拉京等成分），作用于脑-肠轴的功效也尤其明显。早晨起来，我有时候昏昏沉沉思维迟钝，用铜壶滴水来一泡六安瓜片，秒变生花妙笔。这就是北地绿茶入手太阳小肠经的效果。

卜算子　金寨水竹云居小驻偶得

峰峦雨洗平
星月风吹瘦
夜卧云烟起梦甜
暗把丝帘扣

今朝梦醒时
小恨晨光透
院里飞花又打窗
料我香茗就

2020.11.12 金寨

五绝　题金寨花石谷脚印岩

兰侬心窍透
水啄笑颜开
恨踢犹无语
幽风未解怀

2020.11.12

◎ 金寨六安瓜片茶园

十四行诗 大城墩遗址

把各种色彩叠成黑夜
你还能不能看清血的鲜红
把各种故事叠成章节
你还能不能找到梦的影踪

短松冈上埋藏了一段爱情
无数的十年组成玉环的齿轮
我费尽心机校对的那颗星
不知再见于哪个阏逢困敦

明月早已成为中秋的共识
谁能限定它原本的特指
我只为你讲述今天的心思
让传奇复活进生命的事实

我不会为了理想放弃理想
就像这滚滚东逝的长江

2018.12.1 合肥

十四行诗 凌家滩

所以一切结果都没有原因
所以一切算计都没有结果
我把家国命运龟缩封印
用流云与江水的力量可以稳妥

三十六面玉钺载着魂魄远去
就如三千年后的万千兵马俑
事后你们很轻易评价智愚
可那八个字在事前有什么用

我留下几个密码告诉世人
作兵的目的是与世无争
当驼鹿背着阳光飞上青云
回望故乡已经尘埃落定

站在高岗上我问你三个问题
我右耳的三块小骨落在哪里

2018.11.30 含山

五六千年之前,正是中华大地上第一个群雄四起的年代。从距今5800年到5300年,南方各个考古文化之间发生了大规模的交流,包括湖广的大溪文化、江浙的崧泽文化,还有山东、苏北的大汶口文化。而这些文化分布区的最中央——安徽含山地区,出现了一个重要文化,并留下一个规格超高的遗址——凌家滩遗址。这个遗址中最惊人的是首领陵墓中出土的成千上万的玉器,每一个墓穴中都是层层叠叠的玉雕,包括玉人、玉龟、玉鹰、玉钺。遗址中还有疑似宫殿的区域,据说原来有大量巨石阵围绕。这个遗址当年很可能是一座都城,甚至是整个南方的统治中心。直到5300年前,辽西的红山文化南下跨过了涿鹿,与此同时凌家滩文化被摧毁了。所以这是谁的都城,答案呼之欲出。

行香子 梦归

蜂转香花
蚁聚青沙
看春色
浓翠无瑕
不思月冷
只爱风斜
尽
袖中烟
心中意
杯中茶

遍游北海
轻倚金车
万年去
人在天涯
荒丘落日
幽谷朝霞
是
前生事
来生梦
此生家

2017.4.24 合肥

十四行诗 晚点

我的列车早已停靠了你的站台
晚点是所有乘客无法接受的状态
包括　我的心　我的肺　我的肠胃　我的情怀
所以他们决定再也不要离开

可是步子还在奔波　轮子还在飞转
内脏远远地分离于形骸
我究竟是倚靠在你身边
还是在千里之外徘徊

你和他们一起唤着　回来吧　回来吧
一个游荡的身子急迫回到巍定的魂魄
我的家要回到我的家的家
趁着铁轨还未黯淡于日落

每一缕思念都来自天边
它们抵达的时刻从不晚点

2017.4.24 合肥

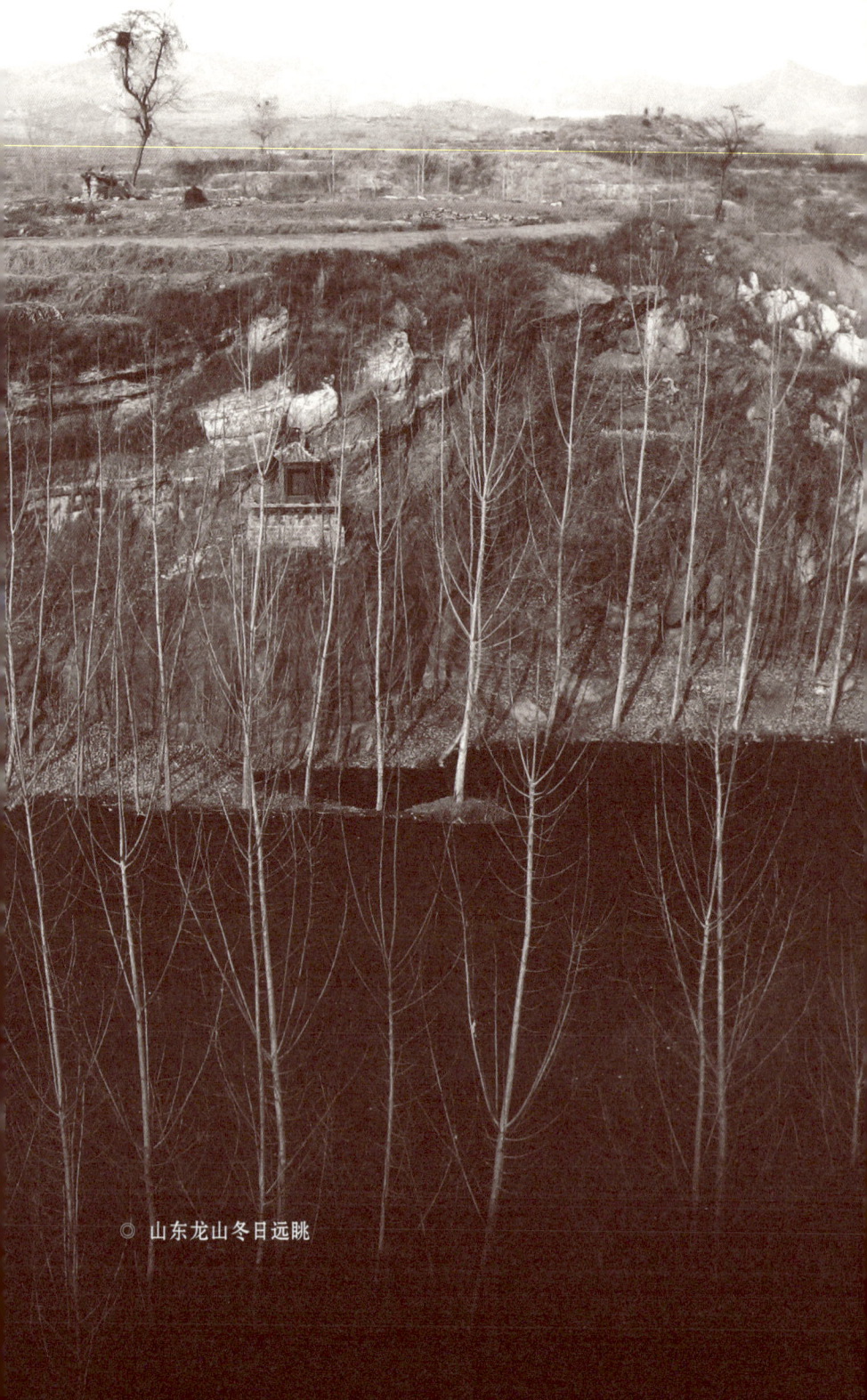

◎ 山东龙山冬日远眺

山东

十五

龙山
- 定风波 齐鲁青未茶
- 七绝 黑陶
- 南浦 见孔庙手植楷惊疑曾游
- 青玉案 忆女

山东·龙山

定风波 齐鲁青未茶

望到蓬莱海上山
青霞掩映似神仙
相问何方不老药
长勺
平丘落暮定风烟

一斗浓香家国土
归去
苍茫路远且心安
岱岳葱葱春雨断
人淡
罗袜生暖日中天

2017.8.3

茶楼新得莱芜友人家中土茶,用齐东野茶粗叶揉捻烘烤,样貌糙陋,奈何浓香扑鼻,似炒麦煎果,未有闻也。入鼻即觉肠胃舒坦,此青茶气必入胃经也!齐鲁间口味浓郁,食物油脂过多,乡人以此茶清肠胃者。前日恰聚数友,同品此茶,香甚,略苦,故以一丝姜一滴蜜作阳明气引,滋味和顺矣。数杯之后,热流自鼻下颈、入缺盆、过胃肠,自右腿前下行,足心全热矣。身体既通泰,心怀遂舒畅,觉无挂碍之自由。翌日晨起,肠胃清畅异常。青茶入胃经妙者有如此!我未尝听闻北方有青茶。闽粤多青茶,以乌龙名。而闽粤之众源出齐鲁,今闽语为古齐语之类。莫非青茶亦源出齐鲁?齐鲁之青茶非乌龙,虹姐求名,乡人告之"土茶",吾呼之"齐鲁青未",取杜工部咏泰山之意,泰山土厚,以补胃土则善哉。

◎ 山东莱芜青茶齐鲁青未

七绝 黑陶

万里黄河万里沙

高台积淀汉唐花

冰浆赤火重开放

铁叶玄枝不尽夸

2017.12.27 济阳

南浦 见孔庙手植楷惊疑曾游

宿魇总无情　下帐钩　鹅梨乱入烟镜

前事忘几微　朦胧处　香桄宛依春影

轻衾似冷　为谁夜半尤更

欲说与清霜　如是冰肌　相欺何醒

行经残阙深宫　意懒懒　碑铭遮在青杏

看八万江山　三千载　童心已尽嵚冥

唯因细小　偶作梅鹤天真性

却君邑陌路　恍惚曾逢　从今多梦

2020.12.1 曲阜

青玉案·忆女

当年月色西窗下
面似玉　唇如赭
娇弱忽啼何可舍
轻摇高树
悄播秋雨
甜梦悠长夜

而今渐是亭亭也
妙语常将笑虫惹
念念相思难以罢
算当来日
便宜谁个
忍把金枝嫁

2017.12.27 济南

◎ 爸爸来讲茶道课
（李若匀六岁画）

◎ 江苏苏州东山碧螺峰茶园

江苏

十六

洞庭山
- 十四行诗 碧螺春
- 五绝 梅雪茶会
- 七绝 雪梅晨雀
- 七绝 春日山行偶记
- 七绝 艺圃二首·之一
- 七绝 艺圃二首·之二

花果山
- 五绝 登花果山

界岭山
- 十四行诗 紫泥

江苏·洞庭山

十四行诗 碧螺春

转过那一湾水可以踏入天空

穿过这一条巷可以听见花香

我有一千个奇思妙想留在水中

还有一座青山藏在这条浅巷

总是用记忆模糊历史

总是用个性假装才华

有多少自以为是强迫人以为是

蜷曲的时光　我独自珍藏一种无瑕

千回百转之后才让你的心听见

我想象出的浓香莫将你惊吓

化身满城飞絮播撒成一个春天

如四百年前你唱醉的桃花

打开盖　那一滴水声让柔肠睁开眼

关上门　一庭鸟鸣都是当年的洞庭山

2018.4.16 苏州东洞庭山

太湖上的洞庭山，水汽氤氲，遮盖了枇杷果园和茶园。东山顶上碧螺峰，更是碧螺春茶的核心产地。洞庭山是元古代火山爆发形成的，积聚了大量火山灰，土壤肥厚。碧螺春茶树生长茂盛，其叶形之小，也是一绝。好友邢伟英在碧螺峰上建碧螺精舍制茶，峰下修复明代大学士王鏊故居。五百多年前，唐伯虎等人拜王鏊为师，在此宅中品茶作诗。五百年后，我们在此宅中同品一味茶，香依旧，味依旧，气入小肠，文思已如泉涌。

◎ 品碧螺春

五绝 梅雪茶会

沾衣梅有意
送客雪留人
问君何事急
我有碧螺春

2017.2.8

邵楠兄约众友于我处品茶谈玄。晨起于园中折梅一枝作茶席。恰霰雪纷飞，梅瓣与雪共舞，沾衣不落，暗香随人。梅香若友情，映雪香愈浓。故欲称此席为梅雪茶会。虽春寒料峭，众友兴高，当以浓香配此晨景。遂记起冰箱中冰冻有明前极品碧螺春。碧螺春出太湖东山，因其形卷如螺而名，又因其奇香，旧称"吓煞人香"。我藏之茶乃碧螺精舍于东山东南山谷眠佛池所种珍品。因绿茶气属太阳，阴阳相济，故须于山谷多雾处阴种才得珍品，又非深冻阴藏不可久存。我藏之冰中数月，今日启之，果然浓香扑鼻。如梅香，如友情，映雪愈浓。佐以胎菊，沸水略凉高悬冲泡，饮之芬芳直入小肠，融融泄泄，寒气尽销。奉香茶以待友，古道也。窗外雪正急，且饮此茶。

 **雪梅晨雀**

一句清啼春意早
千篇洁色冷风香
呼花不应当眠着
再上枝头报晓光

2017.1.15

 春日山行偶记

我住江南岁岁春
花开时节也愁人
西山记得梅花好
何事今年没处寻

2017.2.14

◎ 草书绝句《碧螺春》

七绝 艺圃二首·之一

窄巷幽藏一段渠
浮云映水日阴虚
流光易在吴音里
快了春风慢了鱼

2017.3.9 苏州

七绝 艺圃二首·之二

多少秋霜刻粉墙
枯藤最爱上檐廊
只盼回眸墙角里
稍留明月去年光

2017.3.9

江苏·花果山

五绝 登花果山

雪浪连云起
风花附石生
仙缘疑未散
只有暮钟声

2018.2.12 连云港

连云港的花果山据说就是《西游记》中孙悟空的出生地，山上灵气充裕，猴群密集，山下遍植茶园。花果山绿茶，芽叶纤长，有花果之香，略类菊苣，茶气入手太阳小肠经，与日照绿茶近。

十四行诗 紫泥

江苏·界岭山

晨梦的窗帘告诉我生命是白色的
浓荫的阳光告诉我生命是绿色的
远方的雷电告诉我生命是金色的
檐下的茶盏告诉我生命是紫色的

当我亲吻到你的嘴唇上
才开始明白你的心意
为了形状而粉碎了形状
为了记忆而创造了记忆

如果我也只是女神手中的一握土
可不可以补上那一口仙气
如果你已经收藏了那一棵树
可不可以展示叶子神奇的能力

我不停背诵着生命中的每一点滴
熟悉的味道是你没有错过的奇迹

2017.10.7 宜兴

紫砂壶一直被认为是泡茶神器。其原料主要来自江苏宜兴的界岭山一带的特殊酥松岩石,经过开采以后的自然风化,再以人工洗练,成为泥料,最后经历制胎烧制,方成佳器。因为矿石成分不同,所以有紫、红、绿、黄、灰等不同颜色。紫砂壶的表面有非常细微的孔洞,能够吸附茶汤中的茶碱等多余成分,故而用之泡茶可使苦味减少、汤感甜润。然而,六大茶类所含功能成分不同,并非都适合紫砂壶。黑茶的功能成分是芳香苷,分子比紫砂孔目大得多,所以特别适合紫砂。红茶、青茶、绿茶也依次宜用。但是,白茶就不尽如人意,黄茶中的真黄酮(flavone)遇到紫砂就因完全被络合而失效了。所以哪怕是紫砂这样的"神器",也是有适用范围的。

©上海佘山茶园

十七

上海

案上山

- 摊破浣溪沙 夜饮酽茶写怀
- 浣溪沙 收雨
- 七律 驻足
- 十四行诗 隐语花园
- 十四行诗 贝叶斯的水面
- 减字木兰花 春日午后热香
- 七绝 春行
- 字字双 青丘
- 城头月 夜立花圃
- 五绝 立春由来
- 西江月 春分
- 十四行诗 上巳

案上山
- 十四行诗 谷雨之四
- 十四行诗 芒种
- 相见欢 秋夜小饮
- 七绝 携子踏青
- 女冠子 居家寄友
- 十四行诗 腌笃鲜
- 清平乐 疫后香薇寄友
- 五绝 无题
- 十四行诗 山楂啊梨
- 夫仙子 春锁
- 五绝 五色山水汤
- 采桑子 癸卯重阳再登拉法山

上海·案上山

摊破浣溪沙 夜饮酽茶写怀

不与东风争落花
寒星起处是吾家
料得年年春信水
到天涯

珞珞常为人与事
慊慊只作雪和沙
转眼云烟遮旧梦
淡芳华

2020.3.23

　　上海非无山也，西有松江九峰，南有金山浮海，北有佘山岛峙。然则山小而无名茶，不足论也。江南之地多若此，故江南文人好山子。以太湖石、灵璧石之类奇石置案上，点以菖蒲，供以香云，配以嘉茗，风雅成矣。吾自幼居浦南田园，与名石无缘，唯见建筑砂石中多碧玄石，玄黄相间，纹理甚好，颇喜。一日于工地偶得手掌大碧玄一方，层次重叠，如春水青山，如於菟蹲伏。爱不释手，铭以"虎踞"二字，常置案上，以供清茗，谓之"案上山"。此山伴我识茶，识药，识人，识事……恍若隐于山而问于道也。身在闹市，岂曰无山。山虽寸许，孰与争高。嗟乎，万相皆芥子，唯天道邃然焉。

◎ 案上山与茶

浣溪沙 收雨

冷雨因君一蹙疏
青山拂袖画如初
此心奢得误仙途

人恨隔屏千里外
花娇偷笑百枝酥
春风跌入教谁扶

2017.3.13

七律 驻足

千年往事千年梦
回首前生海底沙
不惜春光花换酒
常迷夜色月当茶
因风纵马追金羽
踏雪寻香戴晚霞
惬意人生何所谓
今朝忘却走天涯

2017.7.21

十四行诗 隐语花园

如果苔藓不会说话
我想它们会让蟋蟀代言
如果薄雾不会说话
我想它们会让凉风代言

在这个宁静的小世界里
沉默的几个表达最多
我会闭上嘴巴屏住呼吸
让黑暗为我大声演说

松尾芭蕉需要一只青蛙
柏拉图需要一个洞穴
我要用晨曦为纱
为你披上幸福的感觉

今晚我被一片飘落的羽毛惊醒
却跌入了一个飞翔的梦境

2020.4.22 长沙

十四行诗 贝叶斯的水面

想了又想　来确定这是否真实
阳光在湖面反射春天的声音
世界用光怪陆离来让我感知
无尽的空洞量子向睡梦入侵

我捞起的一条鱼儿变成飞鸟飘走
它的身影在天空中交织成了蛛网
所以当荇花也开始唱歌抒发闲愁
思念已无法生长　我在轻舟中平躺

淌过一个又一个错误来靠近正确
就像传说中猎人跨过九十九座山
每瞬停驻水面都结成荒诞的圆月
玄幻故事将在明天的某一刻靠岸

那天　当人们都肆意嘲笑我的轻率
只有鸟儿和白云能游过这个山脉

2020.9.21 大同

减字木兰花 春日午后热香

等闲日暖
翠羽高枝千百啭
不恨东风
销尽梅香疏影中

凌融霜散
织绣烟云消息乱
似此何堪
一念沧桑一念还

2021.2.6

七绝 春行

柳絮杨花不限天
娇羞春色费流连
回看碧水安澜处
半是青囊半是山

2020.3.25

◎《二十四节气茶事》与坦洋工夫红茶

字字双 青丘

春光柳梢年复年
十里桃花婉复婉
三生三世缘复缘
此情语尽难复难

2017.3.17

城头月 夜立花圃

清蒙月色含香厚
觅尽窈窕柳
不许桃夭
无心竹秀
只合兰馨久

软风拂过婆娑手
暗泯温存酒
醉也花间
甦将夜半
真待春烟透

2020.4.28

◎《茶道经译注》与熟沱茶

五绝 立春由来

神农勘八节
始有立春时
原本无人报
唯听雪上梅

2017.2.3

西江月 春分

身似雁行塞北
心如雨滞江南
一时春色未能沾
只有离愁数点
忽见春风飞渡
欢欣扬起轻衫
又将悲喜两相兼
分作长情短感

2017.3.20 阜新

十四行诗 上巳

记得每年春季这天都是小雨淅沥
自从人们总是随意地改日相亲
这个节日便开始发脾气
全然不顾还有人出门抚慰它的伤心

我还会采一朵荠菜花提醒自己春天到来
我还会煮一个卤蛋慰劳千年的记忆
舌尖上凝滞的歌词今天可以变成爱
只是如此美好总让现在的人怀疑

是的　是的　我还记着你的名字
为了你　我历尽了恒河沙劫
每次错失都会断落一根烦恼丝
直到袒露的灵魂发现了你的秘诀

我翻遍了表情包也没找到合适的笑脸
请接受我以如此夸张的喜悦来与你见面

2017.3.30

十四行诗 谷雨之四

这个季节以人为田地
悄悄播种的是各种激烈情绪
土壤每一万年走动一米
思念的人每年有一万次忧虑

连续七千年的雨也还没让谷子发芽
我还能用谁的智慧来献祭
真理如魔鬼披着丑陋的面纱
而亲善的谎言外羽却如此华丽

醒醒吧　天地不仁我们才有机会生存
如狼如鹿　如草如木　如痴如怨　如喜如恶
在芸芸众生中上神看了一眼对的人
欲行欲止　欲语欲默　欲萌欲萎　欲绽欲落

哪敢说泥塑木雕的我有万千慈悲
雨水中复活　只想为你一人回归

2020.4.19

十四行诗 芒种

这个时候会感受到生长的刺痛
因为渐渐充满而不由自主地防范
就像将要饱时在口头的半个可颂
就像爱至深时那一丝丝的忧患

我要怎么对你说呀　我已经无法自拔
想描述的话语都变成一根根麦芒
最难忍是半饥半饱　哪里还能停下
拥有带给我快乐却也带给我忧伤

所以初夏的针尖穿透了肌肤和衣裳
不是为了缝补　而是心中那样的紧张
所以月桂的树影遮住了暑气和月光
不是为了乘凉　而是梦里那样的惆怅

麦子因为麦芒而更加可爱
请别担心呀　他不会被宠坏

2017.6.5

相见欢

秋夜小饮

红浆醉了东风

夜融融

一任桂香铺地　到蟾宫

寒露后

黄花皱

玉杯空

最是星眸微启　月微松

2017.10.14

七绝

携子踏青

闲牵稚子觅春图

认遍群花蕊下珠

杨柳东风无尽藏

青山绿水不言书

2020.3.12

女冠子 居家寄友

青山远眺

白水秋风飘渺

苇舟横

心字千千叶

来鸿点点程

借花听笑语

隔雾忘闲情

茶浅人独醉

月伶仃

2020.4.1

十四行诗 腌笃鲜

如果能够搅拌四季

我想为你做这盆人间鲜汤

反应的顺序就是五运六气

开始于小满和霜降

夏天的活力凝集在胶原蛋白里

但是需要深秋的咸香来封印

整整一个寒冬在黑土中的蓄积

到春末午后　思念如花蕾欲放的青笋

有多少人知道复方的奥秘

君臣相得后　佐使让故事成为传奇

当美好的感情流进身体

全身能量沿着太阳的轨迹融入天地

悄悄地　我还洒了点那晚的记忆

盈盈秋水　是不是香菇孢粉的魔力

2020.4.13

清平乐 疫后香薇寄友

星灯月帐
醉把清寒忘
数尽荼蘼阡陌上
相问春风未恙

惊雷掣电禾生
狂涛骇浪鲸行
万劫千灾过后
此花依旧香凝

2020.4.29

五绝 无题

山花开寂寞
锦绣过东墙
久立轻风里
茶烟料已凉

2021.7.30

十四行诗 山楂啊梨

当我的脑海中回荡着山楂啊梨
在丹田的正中端坐着一位神祇
大地的力量钻入脚底
而天空的精神流进鼻息

我听什么与你唱什么无关
祈祷是一种修行的还原
你以为最珍贵的奉献
在天地之间如尘芥毫纤

究竟是什么让人类不停舞蹈
把手供给手　把脚祭给脚
你们啊　从来只关心自己的需要
凭何来打扰神的逍遥

可是　山楂给你暖肾啊梨给你清肺
我的善意留在自然中　可别再浪费

2020.6.1

天仙子·春锁

琢玉兰台温澹酒
春意制成新绿柳
小章初作试封泥
醉时酉　甦时丑
一道月笺帘上走

应忆桃花游旧亩
只是今年潮汛久
可怜息壤废清修
淮水兽　苍云狗
漫漫洪波漂北斗

2022.3.19

    春瘟乍起，封检居家，稍有暇时，搜柜得菜花冻一方，石色若春茶入水，遂心动琢石制印，欲刻茶经。章面仅六分见方，虽小，奈何茶道之至简，六分亦足可矣。

    吾划之三纵四横，谕茶之由来。三纵为"阴阳茶"，制茶因灭活、转化之先后而分阴阳。四横为茶之"天人地"，制茶转化之功各源于三才。中有六畦，分白、黑、黄、绿、青、红六类茶格。三才之道，源于《易经》之理，而践于制茶之艺，不亦妙哉！

    六畦之中又各设两小字，谕茶之用处。六茶饮之入人之六脉，天阴成白茶入太阴脉，故字肺脾；人阴成黑茶入厥阴脉，故字神肝；地阴成黄茶入少阴脉，故字心肾；天阳成绿茶入太阳脉，故字思尿；人阳成青茶入阳明脉，故字肠胃；地阳成红茶入

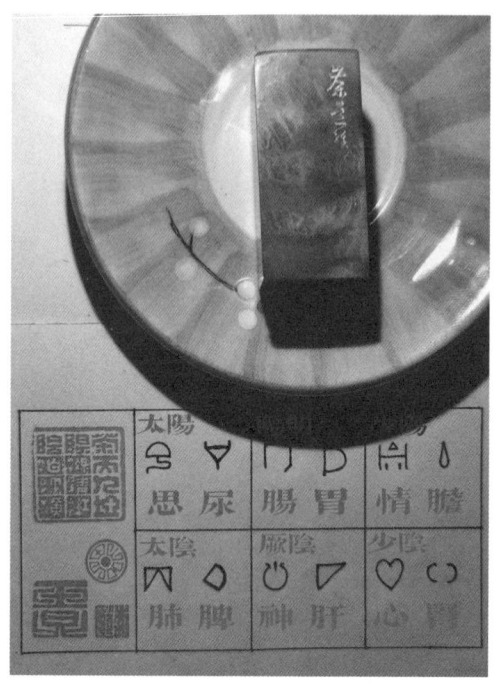

◎ 菜花冻小料刻茶道章

少阳脉,故字情胆。六脉者,《内经》之大要也。

茶来于《易经》而去于《内经》,道冲哉!此玄乎?是也,非也!观其徼,六茶之成而各有酯、苷、酮、酚、酸、胺,因有其用;观其妙,因其用宜人,久而留六艺。此道之微也。夜半章成,学益,道损。畅然若醉,煮金锭黄茶一壶,山柰酮香,饮之脊柱温热如春潮涌起。酮入心肾而清瘟,酯入肺脾而免疫,万物皆有道,只待有司知其损而易也。澹然,抬首,见帘上星光月影绰绰,如有字。

五绝 五色山水汤

山水相逢处
潺潺五色汤
丹珠峰上熠
吕岳涧中降

2022.4.13

冠状病毒,世知之已久,卅年前研究者甚众,已晓其在人体内最惧黄酮类分子。故唯体内使复合黄酮分子维之以稠,冠状病毒便无处存活,更何谈繁殖。丁酉年(2017年),我因扶贫而研发古黄茶,制成黄酮含量最高之药茶,内多有牡荆素、槲皮素、山柰素之属,种以百计,量超万三。近年国际研究新冠疾病,知其攻击肾、脊、心、脑为烈,此少阴之脉也。而黄茶入少阴,早已晰然。故三年来,我嘱国外友人染病后煮饮肾经金锭黄茶,多两日而愈。常饮者虽密接患者而不染。此非奇也,乃自然之道也。

以古中医之准则,瘟疫之症殊异。瘟者缓杀而复发,使人淤湿,故为阴症。疫者速杀而单发,使人溃烂,故为阳症。发而

◎ 居家封控更离不开茶与花

不复者,免疫使然,以免疫学度之乃T细胞反应之功也。今之冠状病毒感染,激发免疫B细胞而非T细胞,故为瘟而非疫也。疫可以痘免,瘟可以汤清。连花清瘟之方类即以天然黄酮灭瘟病毒之活性。昔之冠状病毒,连花清瘟汤足矣。而今之毒尤烈,则此方略弱,方中之药拮抗者嫌多。故饮此方虽可愈,然历日稍久,多六七日方愈,病重者恐救之不及也。

然则非金锭黄茶莫可乎?黄茶虽好,其量唯稀,不足为亿万百姓所用,必以常见易得之药材方可推广。吾领弟子究黄茶之成分,探病毒之活力,算黄酮之配比,选数味草药以备之,亦可使所需之酮庶几足矣。其方有药五味:山楂干3枚为君,荷叶1克、天麻2克为臣,制黄精3克为佐,黑芝麻1克为使。山楂含有槲皮素、牡荆素鼠李糖苷、山柰素、金丝桃苷之类,荷叶含有木犀草苷、金丝桃苷、芸香苷、荭草苷、牡荆苷、夏佛托苷之类,天麻含有刺五加苷、连翘苷、天麻素、香荚兰醇之类,黄精含有芹菜素、甘草素、黄精苷之类,黑芝麻含有胡麻素、芝麻素、芝麻林素之类。此方之黄酮成分,蔚然大观,足可克毒。而药性相须相杀,汤剂因而和顺。山楂性热,荷叶寒而天麻凉,此相杀而性温和矣。黄精温而佐山楂,此相须也。芝麻性平而利泄,此导使也。巧者,五药之色各异,山楂赤、荷叶青、天麻白、黄精黄、芝麻黑,恰为五行之色,故可以五色名之。

吾称之为五色山水汤。何为山水?其一,此汤主入足少阴肾经,入肾而顺脊至脑。脊柱为山,双肾为水,脑颅为山,心血为水,故其作用于"山水"。其二,五味药食源于山水而各有阴阳,山楂为阳山,荷叶为阴水,黄精为阴山,天麻为阳水,又以芝麻相连,故其杂以"山水"。以此观之,此方两纵两横,山水相连，可扫清冠状病毒攻击之关键部位。以黄酮分子析之，槲皮素、芹菜素可清肾中之毒，山柰素、夏佛托苷可清脊柱之毒，木犀草苷、牡荆素可清理心中之毒，刺五加苷、荭草苷可清理脑中之毒，而胡麻素可清肺肠之毒。五味药食，制汤甚易，加半升水，以电水壶煮沸，连汤带药灌入热水瓶闷半小时以上即可。出汤橙黄与黄茶无异，其味酸甜可口，不似寻常苦口之汤药。一杯饮后，四白瞬烫。三两杯之后，双肾、脊柱、脑髓皆热矣，前后汗出，身体通泰。少阴之汤，行之善也！

　　五色山水汤既成，得沪上自然而然中医药发展基金会之助，遂推至大众。虽瘟疫犹甚，先得者试之多有良讯，可防可治，未输黄茶几何。善哉其方甚廉，每帖仅两元，治愈不足十元。普济万民，方可矣！唯愿五色山水汤可广为传播，唯愿万民早离瘟疫牢狱之苦。思此，潸然。

采桑子·癸卯重阳再登拉法山

江山易改人难改
独上峰巅
望断桑田
紫气东来一万年

玉炉金洞今犹在
不见轩辕
谁送仙丹
嗥嗥鹤鸣云雾间

2023.10.23

  吉林拉法山在松花湖北,乃关东名山。拉法为满语,有熊之意,此言有熊氏轩辕黄帝在此炼气制药也。山形壁立九峰,高二百余丈,古称玉鼎,上有九重结界七十二洞,多有五千年前古人活动沉积遗址。顶洞开阔如厅,历代道人在此炼丹,洞顶烟熏火燎,洞内碎盏厚积,更有玉鼎故事,传为金霞洞。此山者,或岐黄论道之所亦非不可也。细考之,必证中华五千年道统之绵绵也。

◎ 拉法山玉鼎峰

后记 | 看见经络

读至此处,读者可能会发现,我言茶,必言经络。那么,经络是什么?茶与经络又有何关系?

经络,是中医理论中最核心,却又最神秘的事物。中国的传统医学实践,大多基于经络理论。但是,由于在现代解剖学的研究中,经络一直看不见、摸不着,所以大部分科学家不认可经络是客观存在的结构,甚至因此否定中医疗效的客观性。2023年3月11日,我团队发表论文《茶叶激发的人体红外影像显现经络系统》[1],首次公布符合人体经络传统描述的系统性影像,让我们"看见经络"。

一、经络理论的起源

最早描述经络的文本是《黄帝内经》,据说记录了五千多年前轩辕黄帝与岐伯之间关于养生和医疗的各种问题的讨论。很多人并不相信《黄帝内经》的历史有这么悠久,因为这本书的"出版"实在春秋战国时代。但是,在诸子百家之前,中国文化中并没有成熟的出版行为,而成书出版之前的文本流传,据东亚民族的习俗,往往是专职背书人的口头背诵。这在中国的一些少数民族中非常普遍,比如藏族人背诵《格萨尔王传》。所以,从人类学的角度,无法排除这种可能性:《黄帝内经》是自五千年前历代医家就已背诵,直到春秋时期再落笔成书的。如果是这样,文本会不断受到口语演变的影响,也会不断得到医学实践的补充或者修正。因此,就像甲骨文经历了千年的发展,到了商代已经是成熟的文字,《黄帝内经》体现出极其严密的逻辑性和圆融性,已经成为一整套非常完善的医学理论体系。

《黄帝内经》重点描述了人体内分布的六条正脉的位置和功能,特别是在《灵枢》的《经脉》和《经别》两章中详细描述了正脉的概念。中医理论把人体内的经络分为贯穿脏腑的正脉(十二正经)和不贯穿脏腑的奇脉(奇经八脉)。正脉因为贯穿脏腑,所以功能更为明确,对其研究也就更早。《黄帝内经》中把六条正脉分为三阴三阳。其中,阳脉的主干走向是从手到头,再从头到足;阴脉的走向是从足到胸,再从胸到手。整体上讲,如果把手举起来看,阳脉的流向是下沉,阴脉的流向是上浮。阴脉和阳脉根据《素问·三部九候论》又各分为天人地三脉,阳脉分别称为太阳脉、阳明脉、少阳脉,阴脉分别称为太阴脉、厥阴脉、少阴脉。每一条正脉又以两端连接手或足,划分为手经和足经。这样经络就划分成了十二条,《黄帝内经》中除了心主经没有明言阴阳,其余经络都明确了性质。心主经就是厥阴的心包络,十二条经络整整齐齐地划分如下。

	阴	阳
天	手·太阴·肺经	手·太阳·小肠经
	足·太阴·脾经	足·太阳·膀胱经
人	手·厥阴·心包经	手·阳明·大肠经
	足·厥阴·肝经	足·阳明·胃经
地	手·少阴·心经	手·少阳·三焦经
	足·少阴·肾经	足·少阳·胆经

◎ 经络划分图解

这十二条经络，每一条都穿过一个至数个脏腑，从而保障了脏腑的正常运行。根据天地、阴阳、冷暖的变化，经络也相应地改变运行方式。维护经络的正常运行，就能保障人体的整体健康。这就是中医理论的核心基础。中医实践发现，十二条经络在一昼夜内依次活跃流动，每两小时轮换一条经络，于是将这一规律称为"子午流注"。有趣的是，无论东西方，都把一昼夜的时间以12为基数来等分，这是不是说明古人对人体自身的节律可能都是有感觉的，十二经络的"子午流注"是一个客观存在的现象？

二、不见经络不甘心

中医数千年的实践中，经络理论是明显有效的。经络的医疗实践主要有两个方面：对经络穴位进行针灸，根据经络对应的属性配备药剂。现代科学的各种实验和分析证实，这两方面的各种实践都有显著效果。对各种穴位的针灸方案在治疗相关疾病上有显著功效；草本药物所含化合物成分对应的经络归属，也完全符合特定的数学模型，因此归经属性可以通过化学分析来预测。基于各种实践经验和科学研究,国内外一直有很多人相信经络的存在。

但是,在过去的解剖学研究中,从来没有发现符合经络模型的结构。这说明,经络如果有解剖结构,也肯定不是血管或神经那样肉眼可见的管线状结构。于是,国内外很多团队试图通过各种物理学和化学的方式找到经络存在的证据。20世纪50年代,上海第一医学院的团队通过解剖尸体,发现穴位的位置上都有密集的神经分布,因此推测经络现象是神经系统的一种功能表现[2]。此后也有很多学者提出各种经络与神经系统对应的假说。但是,神经系统的分布无法与经络线路吻合,也无法解释经络按照节律开合的现象,因此这一假说无法自圆其说。因为在尸体上寻找经络没有结果,1970年,法国军事医学院的博萨雷格(J. F. Borsarello)提出应该用远红外线来观察活体的经络活动[3],但是此后数十年,各种实验都没取得可信的结果。

对中国人来说,经络是祖先虚构的事物、中华文化中的一大特色完全子虚乌有,这是很难接受的。更何况很多人对经络是有直观的感知的。20世纪80年代的大量实验研究也往往揭示,经络穴位部位的各种性质,特别是电导性和热导性,与其他部位不同。因此,"八五""九五"计划的国家攀登计划中,设立了研究经络的项目。复旦大学化学系的费伦教授、力学系的丁光宏教授联合一大批相关专家,从物理学和化学的角度,深入研究了经络和穴位部位的组织特异性。1998年,费伦教授等在《科学通报》上公布了课题组的三大成果[4]:(1)经络穴位是有物质基础的,是结缔组织中的胶原纤维。具体结构是由三条胶原纤维构成纤维条,再由五条纤维条卷成一束,数量繁多的这种线束结成片状。分子层面是由数种不同蛋白质分子构成的一种生物液晶态的物质。胶原纤维连带其中的血管、神经丛和淋巴管等,交织成经络的复杂体系,称为结缔组织结构。(2)穴位对应的深层结缔组织结构中,富集有钙、磷、钾、铁、锌、锰、铬元素。特别是钙,含量较经络之外区域高100—200倍。(3)经络结构中的液晶态胶原纤维具有高效率传输红外线的特征波段。实验证明,此种胶原纤维对9—20微米的远红外线在径向方向上具有近100%的透光率,横向方向上则几乎不透光,具有光纤的物理特性。2000年,丁光宏教授等发表论文,展示了人体穴位的红外辐射有稳定而特异的频谱特性,并不仅仅是热量导致的[5]。这一系列重大项目进展,为经络的物质基础研究打下了最坚实的基础。

在这些基础上,中医科学的研究者提出了各种经络结构的假说,除了最早提出的神经传导说以外,还有体液循环说、生物电场说,甚至综合各种组织形成的结缔组织间隙说[6]。实际上,后面的三种假说并不是相互排斥的。以胶原纤维束为基础,其间隙中会流动着大量的体液,带动大量大分子物质和带电离子移动,这必然会产生生物电场,产生热辐射和特殊的红外辐射。所以经络活动这三种假说所指出的,其实是产生的多种多样的反应,是经络活动的结果,并不是经络本身。经络本身可能就是费伦教授提出的胶原纤维束。这种结构最早其实是1954年由匈牙利科学家弗尔迪(Földi)等发现,并发表在《匈牙利科学院医学学报》上,称为"细胞间质",是体液和大分子流动的通道[7]。但是,这一结构很少受到学界关注,对其功能的认知也很少有进展,国外更不可能将其与经络联系起来。2018年,纽约西奈山医学院的团队在《科学报道》上发表显微磁共振观察细胞间质的结果[8],发现身体各个部位都存在这种结构,在胶原纤维束的外围还包裹着特殊的细胞层,就像光纤外面的塑料皮层一样。这些间质通道也并不是整体连通的,而是分段链接的。这一成果公布以后,国内部分媒体立即报道说国外发现了经络的解剖结构。实际上,此时仍然不能证明细胞间质通道就是经络。虽然人体内存在这些体液和大分子的通道,但是目前的研究都只看到局部的显微结构,无法确定这就是经络。只有宏观地看到人体中这些通道的整体分布规律,证明这些通道的分布规律与中医经络的线路完全吻合,才可能确认这些是经络。因此,复旦大学的团队一直在努力探索,不见经络不甘心。

三、让经络自己现形

在细胞间质通道的具体结构被公布以后,中国针灸研究所的张维波团队立即跟进做了非常重要的实验。如何宏观地看到经络?以往仅通过针灸的方法是无法让经络显形的,因为经络中并没有特殊的成分流动。于是,他们在鼠和猪的身上做实验,在特定的穴位上注射荧光素钠,再扫描荧光信号的分布,果然发现这些液体顺着细胞间质流动了起来,看到了一段段平行的线条[9,10]。这是向经络的宏观可视化又迈进了一大步。可惜的是,这些线条在下一个穴位的位置就停止了,只能显示一小段,距离显示整条经络非常遥远,更不能证明经络穿过了相应的脏腑。而显示整条经络以及贯穿脏腑,是证明经络系统结构的关键。更完美的方法是把所有十二条经络都显影出来。

如何才能让整条经络活跃起来，让经络自己现形呢？针灸或推拿只能促进施治部位的经络的流动，很难让整条经络活跃起来。经络的活动，根据中医原理有两种促因：一是按照子午流注的自动开放，这种效应比较微弱；二是服用归经的药食，效应有时候会很强。所以改变思路，通过有效的药食归经来让经络自己现形，应该是可以尝试的方案。我们的团队一直尝试从无数的本草中选择出最有效、最安全的归经药食来。很多本草药食，服用以后相应的经络和脏腑部位会有明显的内源性发热或酥麻感，但是一般这种感觉并不明显，也很难拍摄出影像。2012年，在试验了几百种药食以后，我们发现，归经感受最强的，还是茶叶。特别是各种好茶，喝了不同茶叶以后身体的不同部位会迅速发热，甚至大量流汗，汗液的大量水分是流动的体液供应的。看来这很可能就是茶叶成为饮料之王的奥秘。我爱茶，是本科时受谈家桢先生的影响。为了证明这种归经感受是客观、可重复的，我们不仅在初步测试中采用个体双盲重复喝茶来汇报感受，还召集了24名体感通透的志愿者来参与试验。大家在不被告知茶种的情况下，一同饮用同样的茶种，并各自记录下来自己发热的部位。在饮用68种茶以后，我们做了一个结果统计，所有志愿者报告的一致性达到了96%。不同的茶叶对应的归经有着极其明显的规律。中国的六大类茶叶，绿茶对应太阳脉，青茶对应阳明脉，红茶对应少阳脉，白茶对应太阴脉，黑茶对应厥阴脉，只有黄茶并不清晰，似乎对应少阴脉。这一初步的实验，我总结成了后来很受欢迎的《茶道经》的初稿，揭示茶叶与人体经络的奥秘。但是，因为黄茶的实验效果太不明确，整个经络体系的数据不完整，所以论文和专著都不敢发表。直到2016年,研究有了新的进展。

在我国脱贫攻坚大战略中,浦东干部学院负责对口扶贫贵州江口县。该县处于梵净山自然保护区的腹地,自然环境极其好,但是经济资源极其匮乏。全县最重要的资源就是茶叶,却一直只能做低附加值的粗制绿茶,在市场上没有竞争力,茶产业是入不敷出的。扶贫挂职领导找到我求助,正中我下怀。梵净山是武陵山脉的主峰,而武陵山脉特别是其尾端的君山是唐代黄茶的主产地,如果能够在这里做出市场稀缺的高品质黄茶,扶贫的难题不就解决了吗?我想把茶叶归经的最后一脉实践出来,这就是一个绝好的机会。我研究了很多唐代黄茶的记录,包括关于黄茶的唐诗,发现唐代黄茶的很多奥秘,与现在流传的明法黄茶完全不一样。特别是齐己称颂黄茶的诗句"还是诗心苦,堪消蜡面香。碾声通一室,烹色带残阳",说明黄茶的苦能通心,香能让面色红润,这是手少阴心经疏通的效果。黄茶需要煮了喝,汤色像夕阳一样。很多线索指向唐代黄茶富含黄酮类物质,这是一个重要的尝试方向。而黄酮是需要通过茶叶里的黄酮醇类物质脱氢反应生成的,这就需要用到梵净山全国最高浓度的负氧离子。一切都是最好的选择!2017年,我们找到了黄酮醇含量最高的茶树种,确定了最好的生长周期和采摘方式,研发了一系列严格的杀青、揉捻、闷黄的技术指标,甚至用了电磁技术来传导负氧离子促进脱氢效率,终于做出了与唐诗描述一致的黄茶。第一次试喝,大家都觉得心脏的下尖一股热气涨开,延伸到四白穴、小鱼际、胰腺,后背心直冒汗。少阴脉打通了!随后我们对新制黄茶进行了各种研究分析,居然发现它有高效的降血糖作用。获得食品安全许可和伦理许可以后,我们让数百名患糖尿病的志愿者喝这款黄茶,居然对2型糖尿病有彻底逆转的功效,甚至有患者严重到下肢腐烂到骨骼的,也被治愈了。2018年,我们又研发出了肾经黄茶,我是第一个受益者,受了十年肾结石的苦,常常腰痛难忍,喝了一个月肾经黄茶以后,10毫米的肾结石彻底融化了。这些都是后话,但是中医的机理太神奇了!

我们也在小鼠中进行实验,以高脂食物诱导小鼠患上糖尿病,再喂以各种茶饮或含降血糖药(二甲双胍)的水。结果表明,黄茶有明显的减体重、降血糖的效果(彩图3)。

因为这些基础,上海自然博物馆的顾建生副馆长特地来访,提供了上海自然而然中医药发展基金,希望把经络的影像拍出来。最后的攻坚开始了。相对于其他本草,茶叶的内含物质清晰可控,各种茶的对比相对容易,但是要找出合适的茶也不容易。作为预实验,我先在自己身上做研究,每天喝各种各样的茶,观察红外辐射发生的时间和方式。因为不能有衣物遮挡红外辐射,所以只能在家中检测,由我夫人来拍摄我的身体反应。我们两人研究了从中国南方各省以及印度、斯里兰卡、日本、美国、新西兰等国收集到的512种茶的反应。结果发现很多茶不但口感差,喝了很不舒适,而且没有任何经络反应;而另一些茶喝了以后既舒适又有强烈的经络流动感,仪器检测发现红外辐射会使体表产生5—8摄氏度的温差,用磁共振成像也看到细胞间质中大量液体流动。这就是好茶与劣茶的显著区别。最终我们总结出最有效的茶叶激发的身体红外辐射影像,结果与我们2012年测试的结果完全一样。绿茶激发太阳脉,青茶(大多是乌龙茶)激发阳明脉……每一类茶又大致分成两种,分别激发手经和足经。在分析中我们还发现,这种红外辐射在喝茶以后的几秒钟内就会激发,但往往不会整条经络同时激发,而是分段地显现。只有极其特殊的情况下,归经效应特别强的茶种,才能让整条经络几乎同时发出红外辐射。不管怎么样,我们已经让经络自己现形了(彩图4—6)。

最欢迎我们的研究工作的,是全国各个制作名优茶种的龙头企业。2018年,受福建福鼎绿雪芽白茶庄园的邀请,我们又组织了来自全国各地的42名志愿者到太姥山上参与重复试验。大家通过调节饮食排除其他食物对经络的干扰,每天都只喝一种茶来激发特定经络以免相互干扰。多样本重复试验结果完全证明了茶叶与经络激发的对应关系。喝了心经黄茶,心脏和相连的心经会发出红外辐射;喝了肾经黄茶,肾脏和肾经会红外辐射,在背上呈现一个十字形;喝了绿茶龙井,背上的膀胱经会呈现像瀑布一样的热流,腹部则是凉凉的;喝了绿茶猴魁则相反,腹部十二指肠是热的,背上是凉的;喝了黑茶熟普,胸腺和心包经滚烫;喝了红茶正山小种,甲状腺和三焦经热了起来……我们可能真的看到了经络,而且可能看到了中国哲学中真正的奥秘。

有中医界的朋友提出,能否拍摄出子午流注的反应。这实在太困难,因为日常饮食的干扰往往会屏蔽子午流注的人体自动辐射信号。在长期饮用好茶使得经络非常通畅以后,我尝试在辟谷期间拍摄子午流注的效应,每个时辰让我夫人给我扫描身体反应。在一周的时间内重复试验三次,果然发现每个时辰的身体红外辐射基本符合子午流注规则,每进入下一个时辰,身体的影像几乎会瞬间转变,误差不会超过8分钟。

四、国学怎么与科学打通

如果仅仅停留在"看见经络"上,这个研究的意义还是有限的。经络应该是人体循环系统、消化系统、神经系统等九大系统之外的第十大系统,是人体表型组研究中不可或缺的一部分。我的导师金力院士发起了国际大科学计划——人类表型组计划,就把中医表型列为其中的重要部分。研究清楚经络,可能就了解了占人体体重70%的液体主要是如何更新、如何清洗脏腑,以保持人体健康的。

如果进一步分析茶叶的成分和功效,或许就可以从茶叶中找到激发经络反应的"钥匙",那一定是某几类特殊的生物有机分子。再找到经络链接处细胞膜上的"锁",经络的奥秘或许就打开了,如何让药物精准地到达特定靶向脏腑,就很可能可以有一种新思路。当然这一切目前都只是假说,需要大量的实验去推进。在本次发表的研究完成之后,我们立即着手进行各种有效茶叶的成分质谱分析,结果非常令人惊喜:有的成分在六大类茶叶之间差异显著,与茶叶的主治功能有关;有的成分在各类茶叶之间的分布完全与归经的性质相关。这必然是我们下一步研究的重点。观察各大茶类成分的显著差异,我们发现,与以往用未经品质鉴选的茶叶作的分析不同,各大茶类的关键成分非常有规律,是六种芳香族分子。绿茶主要含有各种简单酚类,青茶含有丰富的芳香酸,红茶的胺类成分尤其富集,白茶有各种大分子酯类,黑茶中有高浓度的茶皂苷,黄茶中则黄酮丰富度出乎意料地高。这些成分,正是对应经络所贯穿的脏腑最需要的物质。

再研究茶叶的制造工艺,我们就发现,六大类茶的显著差异成分,是由完全不同的加工发酵工艺进行完全不同的化学反应所生成的。对这些不同的加工工艺进行去繁就简的分析,发现其存在非常明显的规律。加工工艺中,很多步骤是各大茶类之间类似的非特异性步骤,例如摊晾走水、揉捻破壁、最后的烘干定型,基本没有化学变化,所以在分类上没有差异性的规律。另外一些发生化学变化的步骤就特别关键。其中有一步是所有茶都要经历的,那就是通过高温或者干燥来杀灭茶叶细胞的生物活性,一般叫作杀青,红茶加工中叫作过红锅。以杀青为界,纵向规律明显,差异性成分有的在杀青之前生成,例如绿茶、青茶、红茶;有的在杀青后生成,例如白茶、黑茶、黄茶。所以前三者是茶叶活着的时候做的,生为阳,故可称阳茶;而后三者是茶叶"死"了以后做的,死为阴,故可称阴茶。三阴三阳的差异性成分生成的步骤,也有明显的横向规律。绿茶的酚类成分来自生长中的光合作用,白茶的酯类成分来自日晒化合,能量都来自"天";青茶的有机酸来自人力摇青致使的细胞破裂、多酚氧化,黑茶的皂苷来自人力捣揉致使的糖类大分子断裂后与多酚化合,能量都来自"人";红茶的胺类来自湿堆发酵时的氨基酸脱氢,黄茶的黄酮类来自湿堆包闷时的黄酮醇脱氢,能量都来自"地"。这种阴阳乘以三才的哲学规律,真是《易传·系辞》中讲的"有天道焉,有人道焉,有地道焉,兼三才而两之,故六。六者非它也,三才之道也"——其中"道"就是一阴一阳,阴阳的平衡。真正落到科学实践上,国学哲理的意义是不可低估的。

科学性体现在"奥卡姆剃刀原理"——科学拒绝多余的假设,也就是我们常说的"大道至简"。能否用"阴阳三才"的假设来贯通茶叶分类所产生的所有特性,而不需要任何多余的假设?一试便知。茶从加工以后分类,无非四方面性质:加工工艺,储存方法,烹调方法,健康功效。先说阴阳的纵向性质:加工上,阳茶先转化再杀青是"活"着做,阴茶是先杀青再转化是"死"了做;存储上,阳气外泄,阳茶越陈越淡会过期,阴气内收,阴茶越陈越浓追求年份;烹调上,阳性活跃易变,阳茶一煮就产生毒素,阴性迟钝,阴茶越煮越甜;最重要的功效上,阳茶调动阳脉,按照《黄帝内经》的描述整体是让体液下沉的,阴茶调动阴脉让体液上浮。阴阳性质概括所有步骤。再说天人地三才的横向性质。天性的绿茶和白茶通过阳光转化,绿茶存储要天阴冰雪,白茶存储要天阳日晒;烹调上,绿茶要天阴雨滴法,白茶要天阳暑闷法;功效上,绿茶入太阳脉,入小肠经(脑-肠轴)可醒脑,入膀胱经可利尿,白茶入太阴脉,入肺经可润肺,入脾经(淋巴系统)可免疫。人性的青茶和黑茶通过人力转化,青茶存储要人阴放在丹田水平以下,黑茶存储要人阳放在鼻息水平以上;烹调上,青茶要人阴压滤法,黑茶要人阳蒸淋法;功效上,青茶入阳明脉,入大肠经可清肠,入胃经可舒胃,黑茶入厥阴脉,入心包经(胸腺-松果体)可安神,入肝经可去脂。地性的红茶和黄茶通过堆积转化,红茶存储最好用地阴泥陶罐密封,黄茶存储最好用地阳金属罐密封;烹调上,红茶要用地阴黑陶壶泡,黄茶要用地阳金属壶煮;功效上,红茶入少阳脉,入三焦经(垂体-甲状腺-肾上腺,实验新发现,作用区分别在胸中、胃中、膀胱口)可娱情,入胆经可利胆,黄茶入少阴脉,入心经可清血,入肾经可洗肾。这是一个严密周全的科学逻辑体系,又经得起科学实验的反复验证。其中的理论,是中国最经典的《易经》

《黄帝内经》的核心思想。不仅如此,茶叶与佐料的配合,也需要符合《神农本草经》的阴阳配合原则才有利健康,中国最古典的三经的原理是可以完全贯通并且科学实践的。

有些人研究科学,往往会"食洋不化";研究国学,又往往"食古不化"。在我的理想中,中华传统一定要现代化,国学一定要科学化。这就要在认真研读国学的基础上不断推进相关的科学研究。科学研究最重要的是总结知识、建立科学假说,开展实验检验科学假说。经过实验检验的结果,我们一步步发表科研论文在学术界探讨,而更综合、更系统的假说和知识总结,可写成科普专著来向大众传播。所以,我在《茶道经》的基础上,加上了详细的解说注释,出版了《茶道经译注》,讲述茶的生物学、医学、化学、物理学、农学、地理学、历史学、气候学等知识,并以茶为案例,全面解析中国最传统的哲学与现代最前沿的科学是如何打通的(彩图7)。很多人在这本书的指导下,通过严谨的科学饮茶,解决了自身的健康问题,也通过实践认知到经络及其背后的真理。

在当前的国学研究(包括中医研究)中,存在很多"因果倒置""体用分离"的误区,使得国学与科学出现错位。就像经络的各种效应,只是经络的"果",而不是经络结构的"因",所以不能把效应当作经络本身。中医说的脏腑,其功能太复杂。例如肾主骨,以前无法科学解释肾脏怎么对骨骼健康起作用,现在发现维生素D转化促进骨钙沉积的很多酶都是肾脏生产的,这就有了科学依据。所以从前因为"体用"不合而说的"中医的肾不是解剖学的肾"只能算是权宜之言。人体无数的奥秘,在不断地研究中不断地解开,我们要用最包容、最谦逊的心态去探索学习。我听过少数"科普"人士说国学在中国从没有任何实际的科学应用,而现实是中医用国学护佑了中国人民数千年的健康。当代的中国科学家,应该做的是从国学中取其精华、去其糟粕,把国学与科学打通,转化出更好的科学技术,让中国的智慧造福国人、造福全人类。我们应该有这个文化自信。

致谢

本文研究得到上海自然而然中医药发展基金的支持

参考文献

[1] Jin W L, Tao Y C, Wang C, et al. Infrared imageries of human body activated by tea match the hypothesis of meridian system [J]. Phenomics, 2023, 3: 502-518.

[2] 上海第一医学院解剖教研室. 关于针灸经穴形态基础研究的初步报告[R]//全国中医经络针灸学术座谈会资料选编. 北京:人民卫生出版社, 1959: 213.

[3] Borsarello J F. La cartographieisothermeest-elle un moyen de mettreen evidence les meridiens de l'acupuncturechinoise? [J]. Meridiens, 1970, 11(12): 91-96.

[4] 费伦,承焕生,蔡德亨,等. 经络物质基础及其功能性特征的实验探索和研究展望[J]. 科学通报, 1998, 43(6): 658—672.

[5] 丁光宏,姚伟,褚君浩,等. 人体手臂部几个穴位与非穴位区红外辐射光谱特征[J]. 科学通报, 2000, 45(23): 2530—2535.

[6] 华萍,吕虎,原林,等. 经络研究的四大主流学派及其分析[J]. 中国针灸, 2006, 26(6): 407—413.

[7] Foldi M, Yusznyak I, Szabo G, et al. Studies on the function of lymph capillaries; the spread of the fluid and macromolecules in interstitium[J]. Acta Medica Academiae Scientiarum Hungaricae, 1954, 6(3-4): 229-254.

[8] Benias P C, Wells R G, Sackey-Aboagye B, et al. Structure and distribution of an unrecognized interstitium in human tissues[J]. Scientific Reports, 2018, 8: 4947.
[9] 顾鑫, 王燕平, 王广军, 等. 荧光照相法对大鼠任脉低流阻通道的活体显示[J]. 针刺研究, 2020, 45(3): 227—232.
[10] 熊枫, 宋晓晶, 贾术永, 等. 小型猪四肢荧光素钠循经迁移的初步观察[J]. 中国科学:生命科学, 2020, 50(12): 1453—1463.

图书在版编目(CIP)数据

茶山纪行 / 李辉著. -- 上海：上海科技教育出版社，
2025.4. -- ISBN 978-7-5428-8397-1

Ⅰ. TS971.21-49

中国国家版本馆CIP数据核字第202505CA94号

责任编辑　伍慧玲　吴闻宇
装帧设计　李梦雪

CHASHAN JIXING
茶山纪行
李　辉　著

出版发行	上海科技教育出版社有限公司	
	（上海市闵行区号景路159弄A座8楼　邮政编码201101）	
网　　址	www.sste.com　www.ewen.co	
经　　销	各地新华书店	
印　　刷	上海颛辉印刷厂有限公司	
开　　本	890×1240　1/32	
印　　张	10.5	
插　　页	4	
版　　次	2025年4月第1版	
印　　次	2025年4月第1次印刷	
书　　号	ISBN 978-7-5428-8397-1/G·5034	
定　　价	78.00元	

彩图1 茶道经科学逻辑体系实用图版

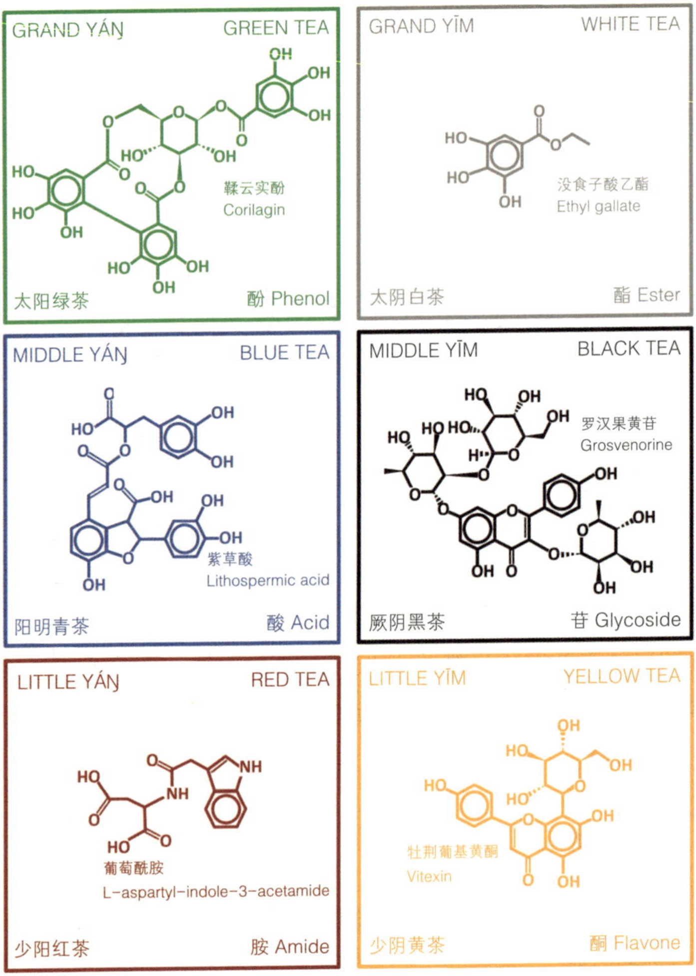

彩图2 六大茶类中最典型的功能分子恰恰是人体不同脏腑组织所"喜爱"的

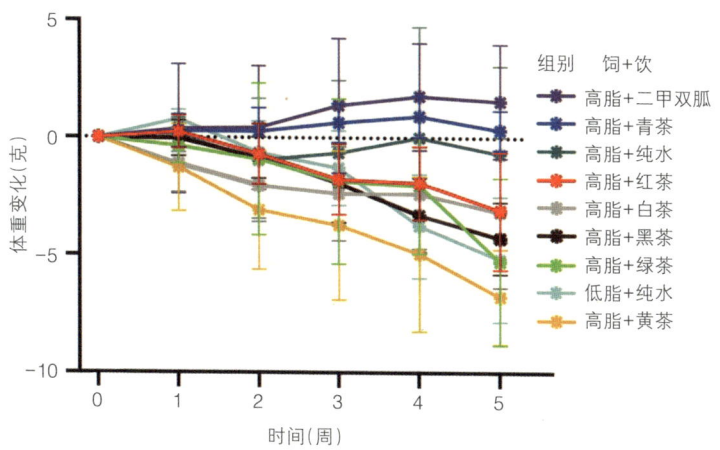

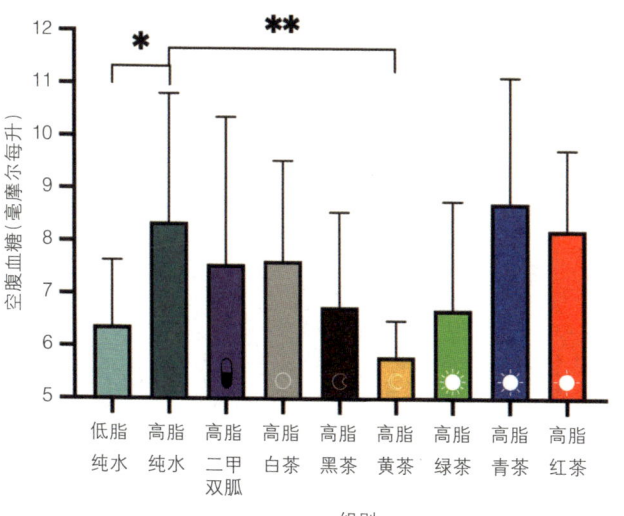

彩图3 一项小鼠饮茶治疗糖尿病的对照实验探索:高脂诱导糖尿病小鼠饮茶治疗实验

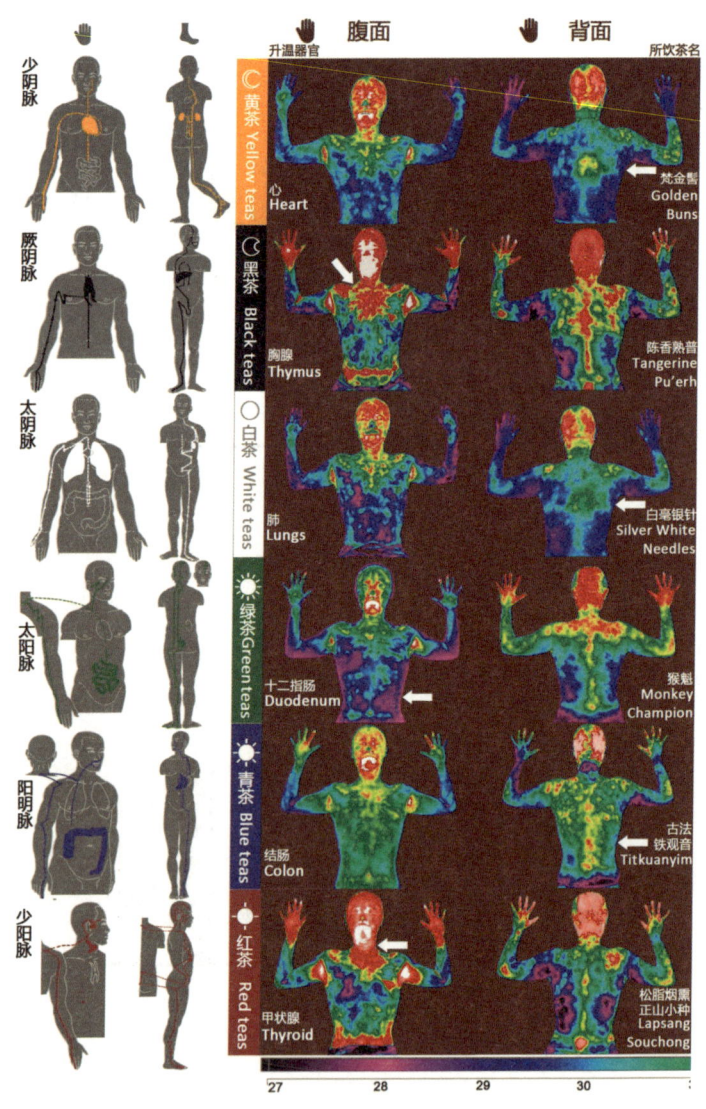

彩图4 十二种茶激发的红外辐射图像与十二经络模型基本吻合

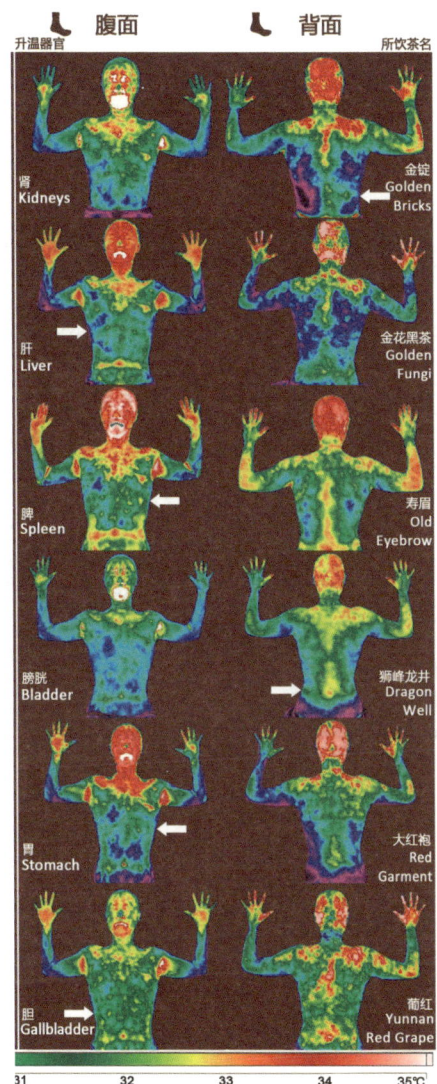

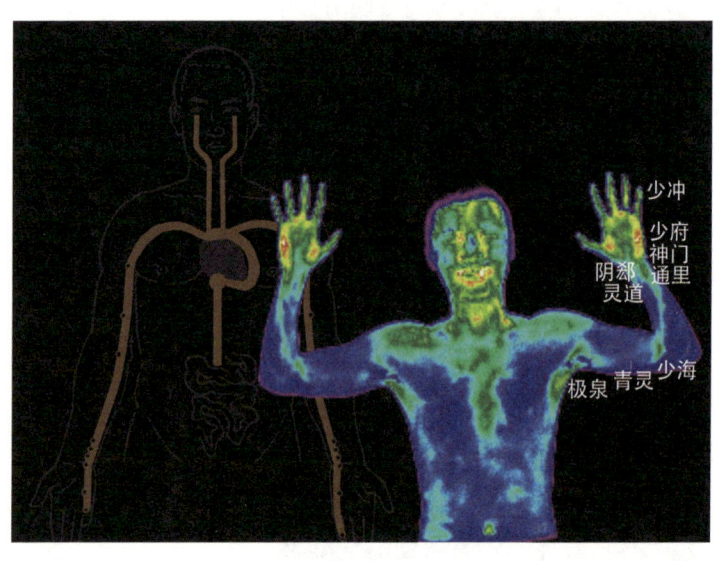

彩图5 黄茶激发的手少阴心经红外辐射影像(右)与手少阴心经模式图(左)

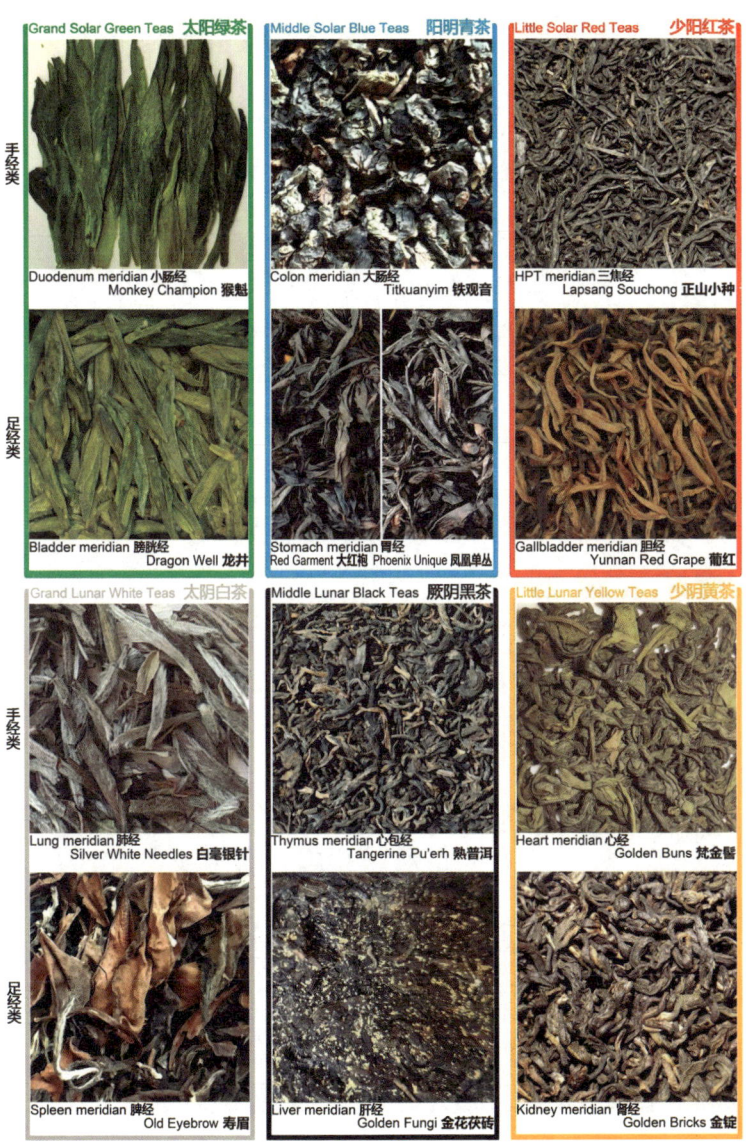

彩图6 实验中选出的归经效应最强的六大类十三种茶叶

彩图7 《茶道经译注》一书护封海报(部分)展示茶叶的自然分类哲学